내 삶에 교양과 품격을 더하는
명강의를 만나보세요.

_____ 님에게

수학이
내 인생에 말을 걸었다

수학이
내 인생에 말을 걸었다

세상의 지혜를 탐구하는
수학적 통찰

최영기 지음

서울대학교
수학교육과 명예교수

차례

들어가는 글 수학은, 결국 사람 이야기다   10

1부   삶의 지혜가 되는 수학

현수선   15
삶의 균형이 흔들릴 때

소수   22
고독하지만 완전한 존재

무게 중심   30
지켜야 할 가치

오일러 공식   40
버려야 얻는다

최단 거리   46
목적지를 찾아서

피보나치 수와 패턴   51
지속 가능한 삶

폰 노이만 두 개의 눈   58
직관을 확인하며 나아가라

보로메안 고리   64
나와 타인과 사회

Q/A 묻고 답하기   72

2부　일의 감각이 되는 수학

알의 공식　　　　　　　　　　　　　　　79
공식을 알아서 무엇에 쓰려고

Q.E.D　　　　　　　　　　　　　　　86
증명이 끝났다는 착각

지구 둘레의 길이　　　　　　　　　　　91
사소하고 미묘한 감정들

황금비　　　　　　　　　　　　　　　98
가이드라인만 중요할까

무리수　　　　　　　　　　　　　　　104
공약 불가능성

이발사의 역설　　　　　　　　　　　　107
실패를 포용하면

솔로몬 애쉬의 실험　　　　　　　　　　112
모든 의견은 한때 이상했다

협력의 최댓값　　　　　　　　　　　　119
비로소 보이는 것들

Q/A 묻고 답하기　　　　　　　　　　　123

3부   자아의 성장을 이끄는 수학

다각형 바퀴   129
고정관념이란

닮음   135
나는 본다. 그러므로 나는 존재한다

수적 조화   140
사유와 통찰

직선, 평면, 공간   145
다른 방식을 찾아서

자와 컴퍼스   152
참된 인정

델로스 문제   157
불가능함의 아이러니

보편적 규칙   163
동질성을 가진 존재여

귀류법   170
결코 쉬운 일이 아니다

Q/A 묻고 답하기   175

4부 관계의 회복을 추구하는 수학

π의 특별함　　　　　　　　　　　　181
라이프 오브 파이

정육각형의 비밀　　　　　　　　　　190
공존 사회를 꿈꾸며

부르바키　　　　　　　　　　　　　197
공공선을 추구하라

겉넓이 ÷ 부피　　　　　　　　　　　202
인간과 자연 사이

플라톤 입체의 본질　　　　　　　　　208
수학적 질서

평면적 사고　　　　　　　　　　　　213
평면적 사고

통계　　　　　　　　　　　　　　　219
해석의 언어일 뿐

뫼비우스의 띠　　　　　　　　　　　224
헤아리고 있나요

나가는 글 수학이 아니라, 당신이 아름답다　　　230

"수학은 세상의 구조를 꿰뚫어 보는 언어다."

"왜 그런가?
어떻게 되는가?
무엇이 빠졌는가?"라는 질문은
수학이 던지는 근원적 사유다.

들어가는 글

수학은, 결국 사람 이야기다.

    수학은 단지 숫자와 공식의 집합이 아니다. 그것은 삶을 보는 방식이며, 우리가 복잡한 세상과 관계를 맺고, 자기 자신을 이해하고, 더 나은 선택을 하는 데 필요한 언어다.

    이 책에서 이야기하는 수학은 시험을 위한 공식, 문제 풀이가 아니다.

    오히려 살아가는 데 도움이 되는 사고의 도구이며, 깊은 통찰을 가능하게 하는 삶의 무기이다.

    사람들은 "이걸 배워서 어디에 쓰나요?"라는 질문을 한다.

    수학이 현실과 아무 관계가 없는 것처럼 보이기 때문일 것이다. 그렇지만 수학이 삶의 질문들에 새로운 각도에서 답을 줄 수 있다는 사실을 생각한다면 "이걸 배워서 어디에 쓰나요?"라는 질문은 '이것은 배울만한 가치가 있다.'로 바뀌지 않을까?

이 책은 그런 마음에서 시작되었다. 수학이라는 창으로 삶의 본질을 다시 들여다보고, 우리 내면에 깃든 질문들에 조용히 말을 건네려 한다.

1부는 삶의 지혜, 2부는 일의 감각, 3부는 자아의 성장, 그리고 4부는 관계의 회복을 주제로 수학이 어떻게 우리 삶의 여러 층위에 깊은 울림을 주는지를 탐색한다.

이 책을 덮는 순간,

당신에게 수학은 더 이상 먼 과목이 아닌, 삶의 친밀한 동반자가 되어 있기를 바란다.

이 책 곳곳에는 제 아내 김선자의 아름다운 마음이 고스란히 스며 있다. 편집 과정에서 성실하게 도와주신 강지은 님과 이영애 님께 감사드린다. 아울러 SERICEO의 강선민 님께도 고마운 마음을 전한다.

2025년 7월

최영기

1부___

삶의 지혜가 되는

수학

수학은 우리로 하여금
'보이지 않는 것을 바라보는 시선'을
갖게 한다.

현수선
삶의 균형이 흔들릴 때

그리스 신화에 나오는 정의의 여신 디케는 한 손에 양팔 저울을, 다른 손에 칼을 들고 있다. 디케는 두 눈을 가린 채로 서 있지만, 양팔 저울은 균형을 이루고 있다. 이는 법 앞에서 누구나 평등하다는 것을 상징하는 모습이다. 꼭 양팔 저울이 아니더라도, 실 한 줄만 있으면 균형에 대해 살펴볼 수 있다.

정의의 여신 디케 조형물

실의 양쪽 끝을 잡고 늘어뜨려 볼까? 그러면 실의 무게로 인해 자연스럽게 곡선이 형성된다. 이제 이 곡선을 수학적으로 살펴보자. 실의 아주 작은 부분에 주목하면, 이 부분에는 중력과 양쪽 방향으로 작용하는 장력이 더해져 세 가지 힘이 작용하고 있음을 알 수 있다.

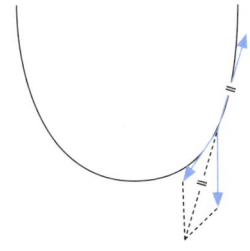

이제 이 세 가지 힘이 완벽하게 평형^{equilibrium}을 이루고 있다고 가정해 보자. 즉, 이 세 힘의 합이 0이 되는 상태다. 이러한 조건에서 미분방정식을 풀면 곡선이 도출되는데, 이 곡선이 바로 앞서 언급한 실의 무게로 인해 드리워지는 곡선이다. 다시 말해, 이 곡선은 실의 모든 부분에서 중력과 양쪽에서 끌어당기는 장력이 평형을 이루는 형태이다.

이 곡선은 모든 부분에서 힘의 균형을 이루어 하중을 효과적으로 분산시키므로 매우 안정적인 구조를 형성한다. 이 곡선을 '사슬이 연결된 것'을 의미하는 영어 Catenary라고 하며, '현수선'이라고 번역한다. 현수선은 중력에 의해 만들어지는 아름다운 곡선이다. 수학적으로도 깊이 연구되었고, 공학 분야에서는 다리, 교량, 전력선 등의 설계에 널리 활용된다. 특히 높은 안정성 덕분에 건축물에서 자주 볼 수 있으며, 강이나 바다 위를 가로지르는 다리와 교량에서 현수선의 형태를 쉽게 발견할 수 있다.

현수선을 뒤집은 형태 역시 매우 안정적인 구조를 형성한다. 이렇게 뒤집은 현수선은 아치 형태를 이루며, 이는 건축 디자인에서 안전성과 심미성을 동시에 충족하는 효과적인 방법 중 하나이다. 아치 구조는 하중과 강력한 풍력 같은 자연적 힘에 대해 탁월한 저항력을 발휘하며, 구조적으로 높은 안정성을 제공한다. 또한, 아치는 곡선의 유려함을 통해 건축물에 아름다움과 우아함을 더하여 도시의 랜드마크나 공공 시설물에서 자주 볼 수 있다. 이처럼 아치는 오랜 시간 동안 건축 예술의 중요한 요소로 활용되었고, 안정성과 아름다움을 결합하는 강력한 디자인 원리로 자리잡았다.

안토니 가우디(Antoni Gaudí)는 독창적인 건축 스타일과 혁신적

안토니 가우디
〈다중 현수선 기법〉

인 설계로 잘 알려진 스페인의 건축가다. 그는 콜로니아 구엘Colonia Güell 단지 내에 지어질 노동자를 위한 성당Church of Colonia Güell 프로젝트를 계획했다.

가우디는 성당의 돔 형태를 결정하기 위해 여러 개의 실을 매달아 늘어뜨리는 방식을 활용하여 최적의 다중 현수선(폴리푸니쿨라) 곡선을 찾아냈다. 그리고 이 곡선을 뒤집어 돔의 구조로 설계함으로써 안정성과 아름다움이 조화를 이루는 디자인을 완성하고자 했다. 이러한 다중 현수선 기법은 가우디의 건축 철학을 잘 보여주는 예로, 자연에서 발견되는 구조적 원리를 창의적으로 건축에 적용한 그의 혁신성을 잘 드러낸다.

콜로니아 구엘 성당은 완성되지 않았지만, 가우디의 창의적이고 실험적인 아이디어를 엿볼 수 있는 소중한 유산으로 남았다. 그의 이러한 혁신적인 접근은 건축사들에게 큰 영감을 주었으며, 결국 사그라다 파밀리아 성당과 같은 후속 건축물의 설계에도 주요한 영향을 미쳤다.

균형은 질서와 조화의 근본적인 원리이다. 우리는 식사, 가치관, 자녀 양육 등 삶의 각기 다른 영역에서 균형의 중요성을 깊이 느낀다. 특히 일과 개인적 삶의 균형은 그 무엇보다도 필수적이다. 만약 이 균형을 잃어버리면, 워커홀릭이나 번아웃, 나아가 건강 문제로 이어질 수 있다. 우리가 추구해야 할 것은 과하지도, 부족하지도 않은, 조화로운 삶의 균형이다. 마치 중력과 장력이 평형을 이루어 힘의 균형을 이루는 현수선처럼, 삶을 현명하게 살아가기 위해서는 어느 한쪽으로 치우치지 않는 온전한 태도가 필요하다.

자연은 때로 태풍, 지진, 가뭄과 같은 강력한 현상으로 인간의 삶을 위협하기도 한다. 그러나 이러한 현상들은 지구가 모든 요소 간의 균형을 맞추기 위해 스스로 조정하는 과정이다. 예를 들어, 태풍은 지구 대기 중에 불균형하게 분포된 열을 이동시켜 균형을 이루려는 자연의 노력이다. 만약 태풍이 없다면 대기의 열 분포 불균형이 지속되어 기후, 생태계, 나아가 지구 환경 전반에 심각한 영향을 미칠 수 있다.

자연은 마치 움직이는 자전거와 같다. 태풍이나 지진 같은 자연 현상은 자전거가 흔들리는 모습과 비슷해 보일 수 있지만, 이는 지구가 자체적으로 균형을 유지하며 나아가는 과정이다. 비록 흔들림과 변화가 일어나더라도, 자연은 결국 균형을 이루는 방향으로 움직인다. 이렇게 바라보면, 태풍조차도 지구의 균형을 지키는 고마운 현상으로 여겨질 수 있다. 자연이 이렇게 끊임없이 균형을 맞추어 주기 때문에 우리는 지구에서 평화롭게 살아갈 수 있다. 물론 인류는 오랫동안 환경에 다양한 문제를 야기해 왔지만, 지구라는 자전거는 여전히 조금씩 흔들리며 균형을 유지하려고 노력하고 있다. 그러나 인간이 이 균형을 지나치게 흔든다면, 자전거가 결국 넘어질 수 있다. 그 순간 우리는 단순한 환경 문제가 아닌, 생존의 위기와 직면하게 될 것이다.

균형은 위대하다. 자연뿐 아니라 우리의 삶에서도 균형을 맞추는 일은 필요하다. 사회적, 경제적, 개인적인 문제들로 삶이라는 자전거는 자주 흔들린다. 예측할 수 없는 변화 속에서 우리는 때로 좌절하지만, 그럼에도 균형을 찾아가며 꾸준히 나아가고 있다. 믿기를 바란다. 우리도 자연의 일부로서, 그 균형의 위대함을 고스란히 상속받았다는 사실을.

소수
고독하지만
완전한 존재

소수는 1과 자기 자신으로만 나눠지는 특별한 숫자다. 2, 3, 5, 7, 11, 13, 17, 19, 23 같은 소수는 그 고유한 특성 덕분에 암호 이론에서 중요한 역할을 한다. 그렇다면 암호를 만들 때 왜 소수가 사용될까? 그 이유는 간단하다. 아주 큰 소수를 찾는 것이 매우 어렵기 때문이다.

아주 큰 소수를 찾는 것은 컴퓨터를 이용해도 매우 오랜 시간이 걸리는 작업이다. 실력이 뛰어난 해커도 쉽게 풀지 못한다. 이 때문에 소수는 암호화에 있어 매우 중요한 도전 과제가 되고, 정보 보호의 핵심 기술로 자리 잡았다.

두 개의 큰 소수를 곱하는 것은 비교적 간단한 계산이지만, 그 곱셈 결과를 다시 두 개의 소수로 분해하는 소인수분해는 매우 어려운 문제다. 이 특성을 활용해 우리는 공개키 암호 시스템을 구현한다. 그 중 하나가 바로 RSA 공개키 암호화 방식이다.

RSA 암호화는 두 개의 큰 소수를 곱하여 얻은 수를 기반으로 공개키와 개인키를 생성하는 방식이다. 이 방식은 그 복잡성 덕분에, 인터넷에서 안전하게 정보를 주고받을 수 있는 중요한 기술로, 인터넷 뱅킹이나 전자 상거래와 같은 분야에서 널리 사용된다. 그렇다면, 소수를 이용해 어떻게 안전한 암호를 만들 수 있을까?

간단하게 두 개의 소수를 선택해 보자.

19와 23을 선택하면, 이 둘을 곱한 값은 437이다. 이 숫자는 소수 두 개를 곱한 결과이지만 거꾸로 437만 보고 어떤 소수 두 개를 곱했는지 알아내라고 한다면 그것은 매우 어렵다. 숫자가 커지면 어떤 소수 두 개를 찾아내는 것은 더더욱 어려운 일이다. 바로 이 점이 RSA 암호화 방식의 핵심이다. 이때, 437은 공개적으로 사용할 수 있는 공개키라고 부르고, 19와 23은 암호를 만든 사람만 알고 있는 비밀키라고 한다.

비밀키를 사용해 메시지를 잠가 두고 잠긴 메시지와 공개키인 437을 보내면서 어떤 사람에게 해독해 보라고 했다고 가정해 보자. 메시지를 해독하려는 사람은 비밀키인 19와 23을 알아야만 메시지 해독이 가능하다. 하지만 비밀키를 찾는 것은 쉽지 않다. 특히 암호화의 비밀키는 수가 엄청나게 크기 때문에 공개키가 알려지더라도, 비밀키를 알아내는 것은 매우 힘들다. 이것이 바로 RSA 암호화의 원리이다. RSA는 이 방식을 개발한 세 사람, 리베스트Rivest, 샤미르Shamir, 애들먼Adleman의 이름에서 첫 번째 앞글자만 따서 만든 용어다.

RSA 암호화 시스템은 다음과 같은 기본 과정을 따른다:

첫째. 두 개의 큰 소수 p와 q를 선택하고, 그 곱 n=p×q를 구한다.

둘째. n은 공개키로 사용되며, 이를 기반으로 암호화가 이루어진다.

셋째. p와 q를 알고 있지 않으면, 이를 소인수분해하여 복호화 키를 얻는 것이 매우 어렵다.

1977년 8월 미국 대중 과학 잡지 사이언티픽 아메리칸Scientific American에 이러한 문제가 제기되었다.

129자리인 수 n에 대하여 n=pq인 두 개의 소수 p, q를 구하라.

n=114,381,625,757,888,867,669,235,779,976,146,612,010,218,296,721,242,362,562,561,842,935,706,935,245,733,897,830,597,123,563,958,705,058,989,075,147,599,290,026,879,543,541

물론 문제를 제기한 사람은 답을 알고 있었다. 이 문제가 언제 풀렸을까? 무려 17년 후, 1994년 4월 26일에 600명의 프로그래머 팀이 협력하여 이 문제를 해결했다. 답은 이렇게 나왔다.

p=3,490,529,510,847,650,949,147,849,619,903,898,133,417,764,638,493,387,843,990,820,577

q=32,769,132,993,266,709,549,961,988,190,834,461,413,177,642,967,992,942,539,798,288,533

p와 q가 소수인지 확인하는 것 자체도 매우 어려운 작업이다. 게다가 p와 q를 곱한 값은 너무나 큰 수가 되어 계산

이 쉽지 않다.

이 알고리즘에서 모든 사람이 n값을 알 수 있지만, 그 n값을 구성하는 소수 p와 q를 찾는 것은 매우 어렵다. 문서를 n 값을 이용해 암호화하여 전송하면, p와 q를 찾아낼 수 있는 계산 능력을 가진 사람만이 이 문서를 복호화할 수 있다. 이처럼 큰 수를 두 개의 소수로 소인수분해하는 어려움이 RSA 암호화의 보안성을 보장하는 핵심 요소이다. 현재의 계산 기술, 특히 양자컴퓨터의 발전에도 불구하고, 600자리 이상의 n값은 여전히 매우 높은 보안성을 제공하는 것으로 알려져 있다.

우주에 존재하는 모든 별, 행성, 은하 등의 총 원자 수를 "에딩턴 수"라고 부르며, 이는 대략 10^{80}, 즉 81자리 수로 추정한다. 또한, 만약 우주를 양자와 전자로 가득 채워 빈 공간이 없다고 가정할 경우, 그 전체 수는 10^{110}, 즉 111자리 수에 달할 것으로 추정된다. 이를 생각해 보면, RSA 암호화에서 사용되는 공개키 n이 얼마나 큰 숫자인지 짐작할 수 있다. 따라서 이러한 큰 수를 소인수분해하여 소수를 찾아내는 암호화 기술은 국가의 수학적 역량과 밀접하게 연관되어 있고, 현재는 선진국들이 이 분야를 주도하고 있다.

수학에서 중대한 역할을 하는 소수의 분포는 겉으로 보기에는 불규칙해 보인다. 예를 들어, 소수 2, 3, 5, 7, 11, 13 사이의 간격을 살펴보면 다음과 같은 패턴이 나타난다.

2와 3 사이의 간격은 1

3과 5 사이의 간격은 2

5와 7 사이의 간격은 2

7과 11 사이의 간격은 4

11과 13 사이의 간격은 2

13과 17 사이의 간격은 4

이처럼 소수 간의 간격은 점점 넓어지면서도 불규칙하게 나타난다.

수학자들은 소수의 분포와 그 속의 규칙을 찾기 위해 오랫동안 노력해 왔다. 19세기 베른하르트 리만Bernhard Riemann은 소수의 분포에 대한 리만 가설Riemann Hypothesis을 제안했으며, 이는 여전히 수학자들이 해결하고자 하는 가장 중요한 문제 중 하나다. 이후 몽고메리Hugh Montgomery박사는 소수와 관련된 리만 제타 함수의 근들이 일정한 패턴을 따름을 발견했고, 1972년 물리학자 프리먼 다이슨$^{Freeman\ Dyson}$과 대화 중 양자역학에서 입자의 에너지 레벨 분포와 리만 제타 함수의 근들의 통계적 분포가 일치한다는 것을 알게 된다.

소수의 분포가 원자핵의 에너지 레벨 분포와 거의 동일하다는 것은 리만 가설과 양자역학 사이에 어떤 연결고리가 존재하며 이는 수학과 자연 사이에 본질적인 관계가 있음을 암시한다.

소수의 규칙이 밝혀지는 순간, 우주의 복잡한 질서가 단순하고 아름다운 법칙으로 드러날지도 모른다. 수학과 물리학, 그리고 자연 사이의 깊은 연결 속에서 우리는 인류가 아직 깨닫지 못한 진리를 발견할 가능성을 지니고 있다.

1과 자기 자신 외에는 어떤 수로도 나눌 수 없는 소수. 고독하지만 완전한 존재다. 겉으로는 흩어지고 불규칙해 보이지만, 그 속엔 수천 년에 걸쳐 수학자들이 파헤치려 했던 놀라운 질서가 숨어있다. 소수는 단순한 수가 아니다. 그 존재만으로도 깊고도 아름다운 진리를 담고 있기에, 인류는 여전히 그 의미를 찾아 헤매고 있다.

우리 모두는 어쩌면 소수다. 누구와도 완전히 나뉠 수 없는, 단 하나의 독립된 존재. 외롭고 복잡해 보일지 몰라도, 그 고유함 안에 조화와 질서를 품은 존재이다. '소수처럼 살아간다.'는 것은 남에게 맞추기보다 진리에 비추어 선한 것, 가치 있는 것을 선택하고, 지켜내는 삶을 살아가는 것을 말하는 것이다. 그 길은 결코 쉬운 길은 아니다. 때로는 외로움에 부딪히고, 오해를 감수해야 할지도 모른다. 이때 필요한 것은 거창한 용기가 아니라, 나 자신을 진심으로 존중하는 자존감이며 내면의 가치를 추구하는 자세이다.

내게 진짜 소중한 것이 무엇인지, 내 안의 빛은 어디에서 오는지를 알고 살아가는 것. 그것이 우리를 고유한 존재로, 소수처럼 빛나게 만든다.

"수는 우주의 질서를 설명하는 근본적인 원리다."

피타고라스의 이 말처럼, 소수 속에 숨겨진 원리로 언젠가 우주의 비밀을 밝히게 될지도 모르겠다. 소수처럼 살아가는 한 사람 한 사람이 많아질 때 세상은 밝아지지 않을까?

무게 중심
지켜야 할 가치

1931년, 한 조각가의 개인전은 당시 매우 큰 반향을 일으켰다. 그의 작품은 작은 부품들이 서로 연결되어 공기 중에 떠다니며 변화하는 독특한 형태를 보이며 천장에 매달려 있었다. 그 작품은 20세기 미국의 조각가이자 화가인 알렉산더 칼더^{Alexander Calder}가 만든 "모빌"로 부품들 간의 무게 중심을 이용하여 만든 미술사상 이전에는 보기 어려운 혁명적인 작품이었다.

칼더가 모빌 작품을 완성할 때 가장 중요한 것은 무엇이었을까? 그것은 무게 중심을 찾는 일이었다. 칼더의 모빌 작업에 꼭 필요했던 균형 유지의 기본 원리인 무게 중심에 대해 살펴보자.

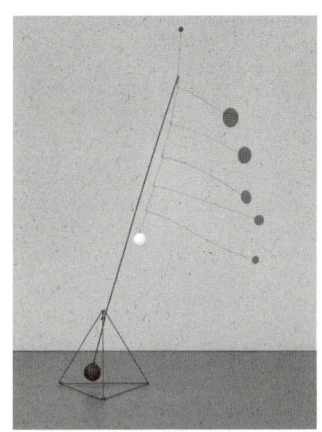

알렉산더 칼더
〈빨강 원판이 있는 모빌〉

    무게란 지구가 물체에 작용하는 중력의 크기다. 그렇다면 무게 중심은 무엇일까? 무게 중심은 물체의 모든 부분에 작용하는 중력의 합이 한 점에 집중된 것처럼 나타나는 점이다. 무게 중심은 물체의 균형점이라 할 수 있다. 물체에서 이 점, 곧 무게 중심을 찾아 물체를 지지하면, 물체는 균형을 이루어 기울어지지 않게 된다. 무게 중심은 물체의 안정성과 운동 분석에 중요한 역할을 한다.

    우선, 선분의 무게 중심에 대해 알아보자. 선분의 경우 무게의 중심인 중점은 해당 선분을 정확히 반으로 나누는 지점으로, 이 지점은 주어진 선분의 균형을 유지하는 중요한 지점이다. 막대기를 선분에 비유한다면, 막대기는 중점을 중심으로 양쪽으로 균형을 이룬다. 다시 말해, 막대기의 무게 중심은 막대기의 가운데에 위치하므로 손가락으로 막대기의 중점만 지지해도 막대기는 균형을 유지하게 된다.

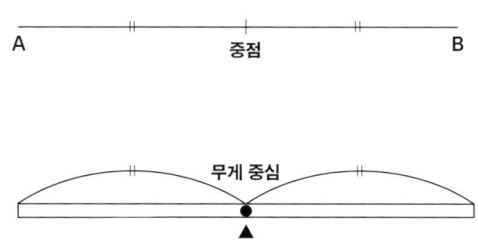

그렇다면 평면 도형의 무게 중심은 어디에 있을까? 모든 평면 도형은 여러 개의 삼각형으로 분해될 수 있으므로, 삼각형의 무게 중심을 구하는 것은 평면 도형의 무게 중심을 찾는 데 중요한 역할을 한다. 그러면 삼각형의 무게 중심을 어떻게 구할 수 있을까?

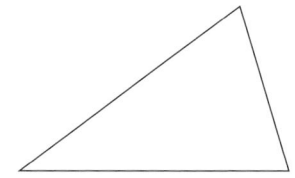

만약 막대들이 아래의 삼각형처럼 배열되어 있다면, 각 변의 막대들의 중점을 이어주는 선 위에 무게 중심이 있을 것이다. 각 막대의 중점을 이은 선을 우리는 삼각형의 중선이라고도 부른다.

중선을 중심으로 분리된 두 부분의 면적은 같다.

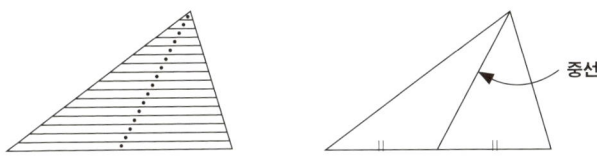

아래 그림과 같이 벽에 삼각형이 움직일 수 있도록, 꼭짓점 근처에 못을 박고 끈을 늘어뜨리면 삼각형은 무게 중심을 맞추기 위해 움직이며, 끈은 바닥에 수직으로 늘어지고 그 끈은 삼각형의 중선과 일치한다.

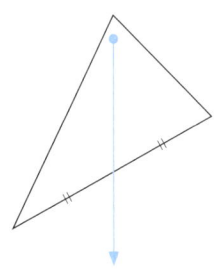

삼각형의 다른 변에도 앞에서의 방법을 적용하면

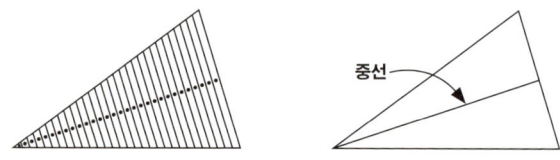

앞서와 마찬가지로, 늘어진 끈은 중선과 일치한다.

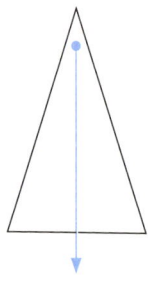

삼각형의 무게 중심은 두 중선이 만나는 곳에서 위치하게 된다.

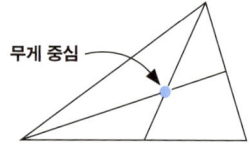

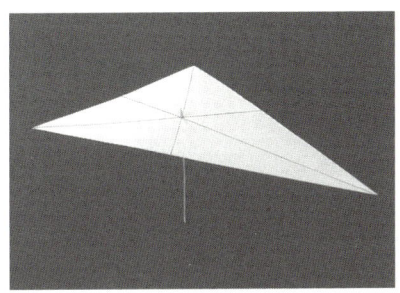

 그렇다면 벽에 삼각형의 다른 꼭짓점 근처에 못을 박고 끈을 늘어뜨리면 바닥을 향해 늘어진 끈도 무게 중심을 지나게 될까? 그렇다. 무게 중심점은 유일하게 존재하기 때문이다.

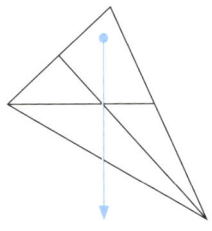

 이번에는 임의의 모양을 가진 도형의 무게 중심은 어떻게 구하는지 알아보자. 무게 중심은 늘 하나로 결정되기 때문에 다른 임의의 모양을 가진 도형의 무게 중심도 도형에

두 개의 구멍을 내어 각각에 못을 박고 벽에 걸어 끈을 늘어뜨려서 두 끈이 만난 지점으로 구할 수 있다.

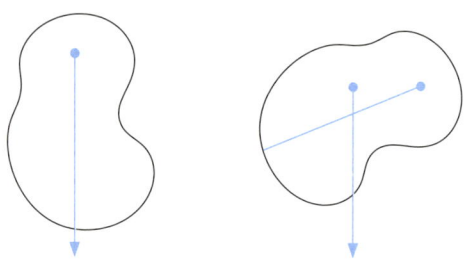

다음 아래 그림의 경우를 살펴보자. 기울어진 정도에 따라 무게 중심의 화살표가 바닥에 수직으로 다르게 그려진다. 그림1, 2, 3의 경우 지면이 받침대 역할을 하여, 도형의 무게를 지면이 받아내게 되어 넘어지지 않게 된다. 반면 마지막 경우에는 받침대 역할을 하는 것이 지면에 벗어나게 되어 도형은 넘어진다.

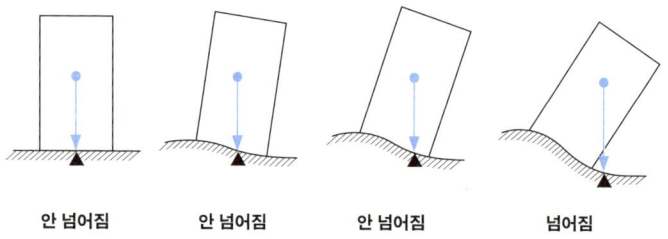

피사의 사탑

피사의 사탑도 기울어져 있지만 서 있을 수 있는 이유를 위의 사진에서 찾을 수 있다. 피사의 사탑은 무게 중심의 화살표가 수직에서 약 4도 정도 기울어져 있다. 비록 탑이 기울어져 있지만, 여전히 무게 중심의 화살표가 탑의 베이스 위에 위치하여 탑은 계속 서 있는 것이다. 그러나 위의 사진에서 피사의 사탑이 더 기울어져서 무게 중심의 화살표가 탑의 기지를 지나가게 된다면 탑은 넘어질 것이다.

일반적으로 물체는 무게 중심이 낮을수록 안정적이고, 무게 중심이 높을수록 불안정해진다. 스케이트, 씨름 등에서도 선수들이 자세를 낮추는 것도 무게 중심을 안정적으로 잡으려는 시도이다.

무게 중심의 이야기를 우리의 삶으로 끌어와 보자.

우리는 삶의 무게 중심을 어디에 두고 살고 있는가? 피사의 사탑처럼 무게 중심을 지키려 애쓰고 있는가? 지켜야 할 가치가 있는 것에 삶의 중심을 두고 살아가려고 노력하고 있는가? 그리고 그 가치를 중심으로 그 안에서 자족하고 평화를 누리고 있는가?

쇼펜하우어는 마음의 중심이 외부에 있을 때 삶은 흔들리고, 외부의 소망과 변덕에 휘둘린다고 말한다. 반면 마음의 중심이 내부에 있을 때, 어떤 상황에서도 만족을 찾으며 평온함 속에서 최고의 능력을 발휘할 수 있다고 한다.

당신은 지금 어디에 중심을 두고 살아가고 있는가?

평온한 내면의 중심을 찾았는가? 어쩌면, 삶은 이 내면의 중심을 찾아가는 여정일지도 모르겠다. 우리에게 참 평온함을 주는 내면의 중심을 찾는 일이야말로 우리 삶의 진정한 핵심이 아닐까 싶다.

그 여정은 마치 안개 낀 새벽길을 걷는 것처럼, 때론 앞이 잘 보이지 않고, 어디로 가야 할지 몰라 발걸음을 멈추게 되는 순간도 있다. 외부의 기대, 비교, 성취라는 기준에 중심을 빼앗기고, 휘청거릴 때도 많다. 때로는 흔들리고 때로는 잘못된 방향으로 가기도 한다. 중요한 건, 흔들리더라도 다시 돌아올 '나만의 중심'을 찾는 것을 포기하지 않는 것, 그리고 그 중심으로 다시 걸어가려는 작은 용기이다.

끊임없는 성찰과 기다림, 그리고 실패를 받아들이는 용기로 나아가다 보면 지켜야 하는 무게 중심이 찾아지게 되고 그 무게 중심을 찾는 순간 우리의 삶은 안정감으로 채워진다.

삶은 삶의 무게 중심을 향해 계속해서 걸어가는 과정이다. 오늘도 그 여정을 걸어가는 나와 여러분을 응원하고 싶다. 여러분 각자 삶의 안정감과 평온함, 그리고 가치 있는 무게 중심을 찾을 수 있기를 소망해 본다.

오일러 공식
버려야 얻는다

여기 한 공식이 있다. 이 공식은 '이 세상의 어떤 다이아몬드보다 멋지고, 어떤 보물보다 진귀한 등식'이라고 평가받는 수학의 등식이다. 진귀한 등식이라니? 수학자들 사이에서나 유명한 공식 아니냐고 반문하실 수도 있다. 그렇지 않다. 2004년 10월 24일 뉴욕타임즈 물리학 섹션 중 피직스 월드 Physics World 잡지에 "어떤 방정식이 가장 위대한가?"에 대한 내용이 실렸다. 이 질문에 응답한 물리학자들 중 가장 많은 사람이 이 공식과 맥스웰 방정식을 꼽았다고 한다.

수학자와 물리학자는 왜 이 공식을 아름답고 위대한 공식이라고 했을까?

이쯤에서 이 공식을 공개하겠다. 바로 오일러 공식이다.

수학 공식으로 나타내면 이렇다.

$$e^{i\pi} + 1 = 0$$

오일러 공식은 0과 1, 원주율 π, 자연 상수 e, 그리고 허수 i를 연결해 주는 식이다. 원주율 π=3.141592…는 분수로 나타낼 수 없는 무한소수, 즉 무리수이다.

자연 상수 e는 오일러Euler의 앞글자를 따서 만들어져서 오일러 수euler's number라고도 불린다. 세균의 성장과 같은 자연의 연속 성장을 표현하기 위해 고안된 수로 원주율과 함께 자주 발견되는 중요한 상수 중 하나다.

이 수를 식으로 나타내면

$$e = 1 + \frac{1}{1} + \frac{1}{2\times1} + \frac{1}{3\times2\times1} + \frac{1}{4\times3\times2\times1} + \frac{1}{5\times4\times3\times2\times1} + \cdots$$

이다. e도 2.71828…와 같이 소수점 아래 숫자가 무한히 많아서 분수로 나타낼 수 없는 무리수이다.

어떤 실수를 제곱해도 그 값은 결코 음수가 될 수 없지만, 상상의 수라고 불리는 허수 i는 제곱했을 때 음수가 되는 수로, $i^2 = -1$이다.

우선 무리수 e와 허수 i를 합성하여 만든 수 e^i는 당연히 난해한 수다. 여기에 이해하기가 쉽지 않은 π를 연관하여 만든 수 $e^{i\pi}$는 매우 난해한 수일 수밖에 없을 것 같은 데 놀랍게도 $e^{i\pi}$는 우리가 잘 이해하고 있는 -1이다.

$$\text{즉 } e^{i\pi} = -1, \text{ 혹은}$$
$$e^{i\pi} + 1 = 0$$

위의 수식은 0, 1, 원주율 π, 자연상수 e, 허수 i의 다섯 가지 수가 신비롭게 서로 연관되어 있다.

$e^{i\pi} + 1 = 0$이라는 오일러의 공식은 이론 수학뿐 아니라 파동방정식이나 양자역학 등 매우 실용적인 응용 분야에도 큰 영향을 미쳤다.

리처드 파이만이 오일러 공식을 "인류의 보석이다 It is our jewel."이라고 표현했다. 오일러 공식은 가히 수학의 보석이다. 그 이유는 무엇일까? 오일러 공식은 실수, 허수, 지수 함수, 원주율 등 다양한 수학적 개념이 하나로 결합되는데, 그 결과로는 아무것도 없는 영(0)이 도출된다.

수학적으로 놀라운 이 결과는 철학적으로도 해석할 수 있는 여지가 있다. 아무것도 없는 것에서부터 시작하여 복잡한 수학적 개념을 통해 다시 아무것도 없는 0으로 되돌아가는 것은 많은 것을 생각할 수 있는 여지를 준다. 우리의 인생사도 이렇지 않을까 생각해 본다.

$$0 \Rightarrow 0+e \Rightarrow 0+e^i \Rightarrow 0+e^{i\pi} \Rightarrow 0+e^{i\pi}+1 \Rightarrow 0+e^{i\pi}+1=0$$

태어나서 삶을 향해 나아가는 과정은 원주율 π처럼 끝없이 이어지는 소수와 같이, 언제나 예측할 수 없는 숫자들로 가득한 것처럼 느껴진다. 그렇지만, 우리는 자연 상수 e처럼 끊임없이 성장하고 발전하는 여정을 걷고 있다. 또한, 우리는 상상의 수 i처럼 꿈을 키우고 새로운 가능성을 모색한다. 그러나 우리의 삶이 언젠가 한계에 다다를 때, 우리는 다시 없는 곳으로 돌아가게 될 것이다. 그러나 이 사라짐이 우리가 경험한 모든 것들의 가치를 상쇄하지는 않는다. 오히려, 사라짐의 과정에서도 우리는 아름다움을 발견할 수 있다. 만약 우리가 그러한 아름다움을 발견할 수 있는 마음가짐을 갖고 있다면, 우리는 삶을 더욱 깊이 살아갈 수 있을 것이다.

오가야 요코의 책 『박사가 사랑한 수식』에서는 오일러 공식을 다음과 같이 시적으로 표현한다.

"하늘에서 π가 e 곁으로 내려와 수줍은 많은 i와 악수한다. 그들은 서로 몸을 마주 기대고 숨죽이고 있는데 1을 더하는 순간 세계가 전환된다. 모든 것이 0으로 규합된다."

0은 여러 가지 의미를 담고 있다. 삶의 관점에서 보면, '비어 있음'과 깊은 연관이 있다. 우리는 살아가면서 종종 돈, 명예, 스펙 등 무언가를 더 채우려고 한다. 채워야 더 행복할 것이라는 생각을 하지만 그런 것들이 행복의 본질은 아니므로 그것들로만 우리의 삶을 가득 채우려 했을 때는 오히려 행복과 더 거리가 멀어지는 사람들을 종종 볼 수 있다. 그런데 반대로 생각해 보면 어떨까?

채우는 것보다 비우려고 노력하는 삶, 욕심을 덜어내는 삶 말이다. 좀 더 자신을 위한, 그리고 타인을 돌아볼 수 있는 여유를 가지게 되지 않을까? 나의 재능으로 다른 사람을 돕고 내가 가진 것들을 다른 사람을 위해 사용하고 소진할 때 오는 기쁨 때문에 많은 사람이 봉사하고 기부하는 삶을 사는 것은 아닐까? 나를 비워가는 삶을 통해 오히려 우리는 삶의 본질을 더 깊게 볼 수 있는 기쁨을 누릴 수 있는 것은 아닌지 생각해 보자. 장자는 "집착을 버릴 수 있다면 모든 것을 소유할 수 있다."라는 말을 남겼다. 이는 '버려야 얻는다'라는 역설적인 의미를 담고 있다. 오일러의 공식이 0으로 귀결되는 것처럼, 삶의 태도를 채움이 아닌 비움으로 설정할 때 우리가 더 많은 것을 얻고 느끼며 살아갈 수 있지 않을까?

최단 거리
목적지를 찾아서

길찾기를 자주 사용하다 보면 문득 이런 생각이 든다. 인생에도 최단 거리가 존재한다면, 그 길을 따라 살아갔을 때 어떤 결과가 있을까? 만약 최단 거리로 살아간다면, 우리는 무엇을 얻고 놓치게 될까?

최단 거리는 빛과 거울을 이용하여 구할 수 있다. 예를 들어, 빛이 한 점 A에서 거울에 반사되어 다른 점 B로 이동할 때, 빛은 어떤 경로를 취할까?

A•   •B

////////////////////////////////////// 거울

중학교 때 배운 것처럼, 입사각과 반사각이 같아지도록 빛은 C를 지나 B에 도달한다.

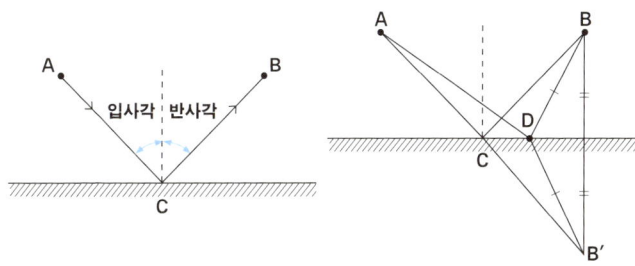

거울에 비친 상을 통해 보면, 결국 A에서 거울상 B'로 가는 직선 경로이다. 만약 다른 점 D를 지나 반사된다면, 더 먼 거리를 가게 된다. 즉 빛은 최단 거리(또는 최단 시간)를 따라 움직이도록 경로를 선택한다.

자연에서 "최단 거리"의 개념은 여러 현상에서 발견된다. 이는 에너지를 절약하고 효율성을 극대화하려는 자연의 본능적인 선택이다. 몇 가지 예를 살펴보자. 번개는 하늘과 땅 사이에서 발생하는 전기적 방전 현상이다. 번개가 발생할 때, 전기는 대기 중의 전기 저항을 최소화하는 최단 경로를 선택하여 하늘에서 땅으로 이동한다. 이 과정에서

번개는 여러 갈래로 퍼지면서 가장 효율적인 경로를 찾아 땅으로 내려온다.

강물의 흐름 역시 유사한 원리를 따른다. 강은 지형에 따라 굴곡을 이루며 흐르지만, 물은 에너지를 가장 적게 소비하는 경로를 선택하여 이동한다. 결국 강물은 지형적 제약 속에서도 가능한 가장 효율적인 경로, 즉 상대적으로 최단 거리를 따라 흐른다.

동물들도 마찬가지이다. 서식지를 옮기거나 먹이나 물을 찾아 이동할 때, 이들은 에너지 소모를 최소화하고 효율적으로 자원을 확보하기 위해 가능한 최단 거리 또는 가장 효율적인 에너지 경로를 따라 움직이는 경향을 보인다.

현대 사회는 "최단 거리" 개념 때문에 빠른 성취와 효율성을 중시하여 사람들을 결과 중심적으로 만든다. 시간의 유한성은 여정을 즐기는 것보다 목표에 빠르게 달성하는 것에 더 많은 가치를 부여한다. 그러나 진정으로 중요한 것은 목표에 이르는 과정 그 자체를 즐기고 배우는 것이다.

현재 우리나라 교육은 빠른 성취를 중시히는 방식에 머물러 있다. 목표 달성을 위한 최단 거리를 추구함으로써 성취를 높일 수 있지만, 그 과정에서 학습의 깊이와 소중한 경험이 간과되며, 학생들의 창의성이 억제될 수 있다.

또한, 빠른 목표 달성에 대한 압박이 커지면서 학습에 대한 흥미와 동기가 상실될 위험이 커지고 있다. 불확실성이 높은 미래를 대비하기 위해서는 단순한 성취의 경로를 넘어 배움의 진정한 여정을 소중히 여기며, 창의적이고 유연한 사고를 키울 수 있는 교육 방향으로 나아가야 한다.

삶은 복잡하고 다차원적이기 때문에, 물리적인 의미의 최단 거리가 항상 존재하지 않을 수 있다. 인생에서 어떤 목표를 향한 "최단 거리"는 사실상 존재하지 않을 수도 있다. 오히려 다양한 경험과 관계를 통해 여러 경로를 거치는 것이 더 의미 있는 여정이 될 수 있다. 각 개인의 삶은 독특하며, 어떤 사람에게는 최단 거리처럼 보이는 길이 다른 사람에게는 그렇지 않을 수 있다. 삶의 경로는 개인의 가치와 목표에 따라 달라질 수 있기 때문이다.

반 고흐의 삶을 들여다보자. 그는 자신만이 표현할 수 있는 화풍을 그리기 위해 직선적 성공을 추구하지 않고, 고통을 감수하는 여정을 걸어갔다. 정신적 고통과 외로움을 겪으면서도 끊임없이 예술을 탐구하며 자신의 내면을 표현했다. 그의 작품들은 전통적인 기법이나 즉각적인 성공을 넘어 감정과 경험을 중심으로 창작되었다. 특히 "별이 빛나는 밤"은 그가 겪은 어려움 속에서도 깊은 감정과 성찰을 담아내며, 그의 예술적 여정이 단순한 최단 거리 추구가 아님을 상징하는 대표적인 작품이다. 이러한 작품들은 결과보다 창작 과정에서의 의미와 독창성을 강조하며, 반 고흐의 독특한 화풍이 그 과정에서 완성되었다.

히포크라테스의 "인생은 짧고 예술은 길다."라는 말과 주자의 "소년은 빨리 늙지만, 배우는 것은 어렵다."라는 가르침을 떠올리면, 인생의 유한한 시간 속에서 최단 거리를 추구하는 것과 동시에, 깊이 있는 독창성과 의미를 찾는 것이 진정한 삶의 묘미임을 알 수 있다. 이는 우리가 한정된 시간 속에서 창의성과 깊이를 추구함으로써 인생을 더욱 풍부하고 가치 있게 만들어 갈 수 있음을 시사한다.

결국 삶의 핵심은 얼마나 빨리 목적지에 도달하는가가 아니라, 그 목적지가 어디냐는 것이지 않을까?

피보나치 수와 패턴
지속 가능한 삶

꽃잎의 개수를 유심히 살펴본 적이 있는가? 많은 꽃들은 1장, 2장, 3장, 5장, 8장, 13장, 21장, 34장, 55장…처럼 특정한 수의 꽃잎을 가지고 있다. 흥미롭게도, 이러한 숫자들은 수학적 원리와 깊은 관련이 있다. 물론 모든 꽃잎의 개수가 꼭 이런 수에 해당하는 것은 아니며, 예외적인 경우도 존재한다.

구체적으로 꽃잎의 개수를 알아보자.
나팔꽃은 1장,
꽃기린의 포엽과 해오라비난초의 곁꽃잎은 2장,
백합과 붓꽃은 3장,

동백꽃과 무궁화는 5장,

코스모스와 모란은 8장,

금잔화와 시네라리아는 13장,

쑥부쟁이와 치커리는 21장,

데이지꽃은 34장,

과꽃은 55장이다.

이처럼 꽃마다 꽃잎의 개수는 다양하지만, 신기하게도 꽃잎의 개수가 수학의 피보나치^{Fibonacci} 수 중 하나인 경우가 많다.

피보나치 수에 대해 수학적으로 설명해 보자.

우선 한 변이 1인 정사각형 2개를 붙이면 가로가 2, 세로가 1인 직사각형이 만들어진다.

이번에는 위의 사각형에서 가로 변인 1+1=2인 길이를

한 변으로 하는 정사각형을 아래쪽에 그린다.

다음으로 길이가 1+2=3인 세로 변을 한 변으로 하는 정사각형을 오른쪽에 완성해 본다.

다음 길이가 2+3=5인 가로 변을 한 변으로 하는 정사각형을 위쪽에 만든다.

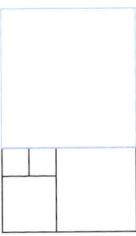

다음으로 길이가 3+5=8인 세로 변을 한 변으로 하는 정사각형을 왼쪽에 그려 완성한다.

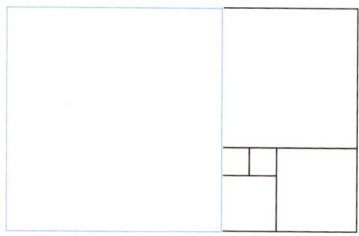

각 정사각형의 한 변의 길이를 차례로 나열하면 1, 1, 1+1=2, 1+2=3, 2+3=5, 3+5=8 이 된다. 이런 방식을 계속하여 바로 앞의 두 개의 항을 더해 새로운 다음 항을 만들면 1, 1, 2, 3, 5, 8, 13, 21, 34, 55, 89…가 된다. 이 수열을 중세 유럽의 수학자 레오나르도 피보나치Leonardo Fibonacci의 이름을 따서 피보나치 수열이라 하고, 이 수열의 각 항들의 수를 피보나치 수라고 한다.

피보나치 수의 방식으로 그린 각각 정사각형에 대각선 꼭짓점을 지나도록 $\frac{1}{4}$원들을 그려 연결하면, 아름다운 나선이 그려진다.

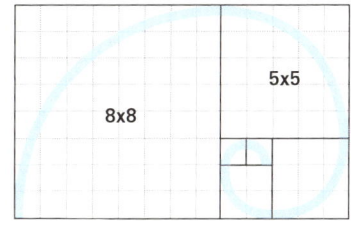

이 같은 방법으로 만든 나선을 피보나치 나선이라 부른다. 이 나선은 앵무조개나 암모나이트 조개껍데기의 나선형 모양, 우주의 나선 은하계, 소용돌이치는 태풍의 모양 등 자연에서 흔히 볼 수 있는 모양이다.

해바라기꽃의 씨앗에서도 피보나치의 수는 발견된다. 해바라기의 꽃의 씨앗을 보면 서로 반대 방향으로 회전하는 두 종류의 나선이 있다. 만약에 한쪽 방향의 씨앗의 열이 34열이면 반대 방향의 씨앗의 열은 21 또는 55이다.

　피보나치 수는 솔방울 비늘의 배열에서도 쉽게 발견할 수 있다.

　자연 속에 숨어 있는 피보나치 수열! 여기서 생기는 의문은 왜 자연이 피보나치 수학적 패턴을 따를까 하는 것이다. 과학자들은 수 세기 동안 이 질문에 대해 깊이 고민해 왔지만, 아직 확실한 이유는 밝혀지지 않았다. 자연 속의 생명체들이 피보나치 수나 패턴을 가지는 것은 그것이 가장 아름답게 보이거나 생존에 유리하다는 조물주의 뜻이 담겼는지도 모르겠다.

　자연은 움직임과 휴식을 번갈아가며 균형을 맞추어 간다. 나무들도 봄과 여름 동안 부지런히 움직이며 성장하지만, 가을이 되고 겨울이 되면 휴식을 취하는 패턴을 취하며 성장해 천년을 살기도 한다.

우리의 몸과 마음은 어떨까? 자연 속의 많은 것들이 피보나치 패턴을 따르듯, 우리 몸속 세포들도 일정한 법칙이나 패턴에 따라 재생되고 소멸하거나 성장한다. 그것은 우리의 마음에도 적용될 수 있다. 재생과 소멸, 움직임과 휴식, 그것이 우리 삶의 패턴은 아닐까? 쉼 없이 나아가기만 하면, 움직이기만 하면 지쳐버릴 것이고, 멈추어 쉬기만 하면 정체되어 성장이 이루어지지 않을 것이다.

노력과 여유, 집중과 휴식이 조화를 이룰 때, 우리는 더욱 건강하고 지속 가능한 삶을 살아가며 온전한 존재로 성장해 나갈 수 있다.

폰 노이만 두 개의 눈
직관을 확인하며 나아가라

어느 날, 몇몇 과학자들이 모여 기차 여행을 하고 있었다. 그중에는 폰 노이만도 있었다. 여행 중 한 과학자가 재미있는 수학 문제를 던졌다.

문제는 다음과 같다.

> "240km길이의 철로 양쪽에 서 있는 기차 두 대가 시속 60km로 출발해서 서로 충돌할 때까지, 파리가 시속 15km로 두 기차 사이를 왔다갔다 했다. 파리가 총 몇 km을 이동했을까?"

여러분은 이 문제를 어떻게 해결하겠는가?

대부분의 사람이 파리가 두 기차가 충돌하기 전까지 왔

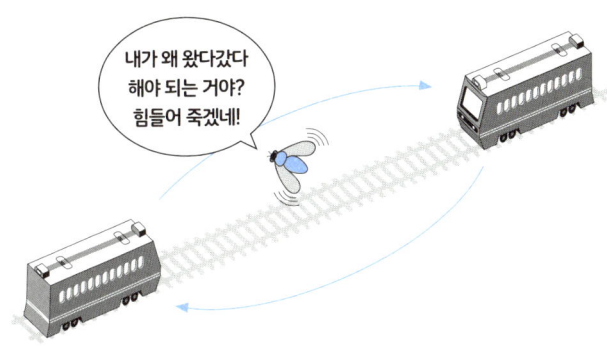

다갔다 하는 모든 이동 거리를 각각 계산해 합하는 방법을 생각할 것이다. 그러나 그 방법은 매우 복잡하고 시간이 오래 걸린다. 하지만 이 문제는 다음과 같이 직관적인 방법으로 간단하게 해결할 수 있다.

두 기차의 속도를 합치면 시속 60km+시속 60km=시속 120km이고, 두 기차의 이동 거리의 합은 240km이므로, 기차가 서로 충돌할 때까지 걸린 시간은 240/120=2, 즉 2시간.

파리는 1시간 동안 시속 15km로 이동하니까, 파리의 총 이동 거리는 15×2=30(km)라는 답이 나온다.

이 일화에서 폰 노이만은 이 질문에 대해 즉시 "파리가 이동한 거리는 30km."라고 답했다고 전해진다.

위의 일화는 수학적 사고에서 문제의 본질을 이해하는 것이 복잡한 계산보다 더 중요하다는 교훈을 준다. 때로는 논리적 추론과 세부적인 계산보다 직관적인 이해가 더 강력한 도구가 될 수 있다. 이는 지식을 단순히 축적하는 것 이상으로, 핵심을 빠르게 파악하여 직관적으로 문제 해결에 활용하는 능력이 중요함을 시사한다. 일상적인 문제를 다룰 때, 불필요하게 복잡하게 만들기보다는 본질에 집중하는 것이 중요하지 않나 하는 생각을 해 보자.

그러나 직관이 늘 맞는 것은 아니다. 때때로 직관적인 이해가 오류를 낳기도 한다.

1970년대 UCLA(캘리포니아대학교 로스앤젤레스)에서 학과별 입학 허가를 받은 비율을 성별로 분석했을 때, 남성 지원자가 여성 지원자보다 더 높은 비율로 입학 허가를 받은 것으로 나타나 성별에 따른 입학 차별 의혹이 제기되었다.

이해를 돕기 위하여 가상의 예시를 들면 다음과 같다.

남성 지원자 비율이 높은 A계열의 경우
남성 지원자는 2,000명 중 600명 입학 허가 (30%)

여성 지원자는 1,000명 중 200명 입학 허가 (20%)

남성 여성 지원자 비율이 비슷한 B계열의 경우

남성 지원자는 3,000명 중 1,500명 입학 허가 (50%)

여성 지원자는 3,000명 중 1,200명 입학 허가 (40%)

여성 지원자 비율이 높은 B계열의 경우

남성 지원자는 1,000명 중 500명 입학 허가 (50%)

여성 지원자는 10,000명 중 4,800명 입학 허가 (48%)

이 예에서, 각 계열 내에서 남성 지원자의 입학 허가율이 더 높아서 차별이 존재하는 것처럼 보인다.

그러나 전체 입학 허가율을 살펴보면, 다른 그림이 그려진다.

전체 입학 허가율:

남성 지원자는 6,000명 중 2,600명 입학 허가 (약 43%)

여성 지원자는 14,000명 중 6,200명 입학 허가 (약 44%)

계열별 입학 허가율을 보았을 때 성별에 따른 입학 차

별 의혹이 있는 것으로 나타났지만 전체적으로 입학 허가율을 살펴보니, 다른 그림이 그려졌다. 오히려 여성 지원자의 입학 허가율이 조금 더 높았던 것이다.

심층 분석을 통해 밝혀진 것은, 성별에 따른 차별이 아닌, 지원한 계열의 경쟁률 차이와 계열별 지원자 수의 비율 차이였다. 여성 지원자들이 경쟁이 더 치열한 계열에 많이 지원했기 때문에 전체적으로 입학 허가율이 낮아 보였던 것이다.

UCLA에서 제기된 성별에 따른 입학 차별 의혹은 통계를 단순히 직관적으로 분석하는 것만으로는 오해가 생길 수 있다는 중요한 교훈을 제공한다. 이는 빙산의 일각처럼, 겉으로 드러난 정보만을 보고 직관적으로 판단하면 잘못된 결론에 이를 수 있다는 점을 상기시킨다. 진정한 본질은 겉으로 보이지 않는 깊은 곳에 숨겨져 있을 수 있으며, 현상이나 사물을 올바르게 이해하기 위해서는 표면 아래의 숨겨진 부분까지 탐구하는 것이 중요하다는 점을 강조한다.

위에서 언급한 폰 노이만의 일화에는 반전이 있다.

문제를 낸 과학자가 "당신은 역시 천재니까 현명한 방

법으로 금세 답을 냈군요."라고 묻자, 폰 노이만은 "아닙니다, 이동 거리를 모두 더해서 풀었습니다."라고 대답했다고 한다.

그는 문제를 본질적으로 보는 눈을 갖고 있었지만, 그의 놀라운 계산능력으로 계산하여 문제를 해결하였다. 그는 직관적으로 이 문제를 해결하고 그것이 맞는지 확인하기 위해 실제로 계산해 본 것은 아닐까? 본질은 직관적으로 파악되지만, 그것이 맞는지를 점검하는 자세도 필요하다.

보로메안 고리
나와 타인과 사회

파란색과 흰색의 두 개의 고리가 있다.

먼저 파란색 고리 위에 흰색 고리를 놓으면 두 고리는 쉽게 분리될 수 있다. 하지만 두 고리가 서로 꼬여 있으면, 고리를 자르지 않는 한 두 고리는 연결된 상태로 남아 있게 된다.

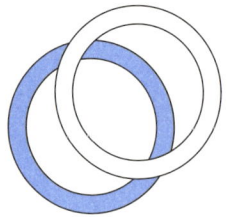
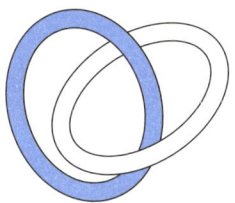

이제 파란색, 흰색, 회색의 세 개의 고리가 있다고 생각해 보자. 세 고리가 서로 연결되어 있을 때, 그 중 하나를 제거하면 나머지 두 개의 고리를 분리되게 할 수 있을까?

세 고리를 일렬로 꼬은 경우, 가운데 흰색 고리를 제거하면 나머지 두 고리는 분리된다.

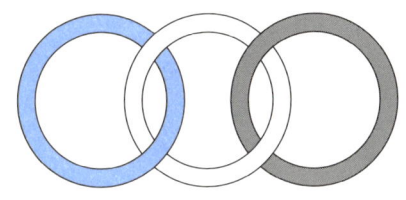

하지만 양쪽 끝의 고리를 제거할 경우에는 나머지 두 고리가 여전히 연결된 상태로 남는다. 그렇다면, 세 고리 중 하나를 빼어 나머지 고리들을 완전히 분리하는 방법은 무엇이 있을까?

이제 그 방법을 한번 생각해 보자.

먼저, 파란색 고리 위에 회색 고리를 놓는다.

다음으로, 흰색 고리의 한쪽을 자른다.

흰색 고리를 파란색 고리 아래로 통과시킨 후, 잘라진

부분을 이용해 흰색 고리를 회색 고리 위로 올려 두 고리 사이로 끼워 넣는다.

마지막으로, 잘라진 흰색 고리를 테이프 등으로 다시 붙인다.

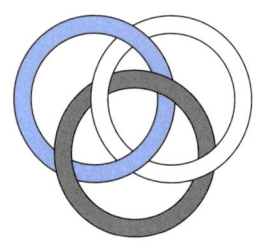

이렇게 하면 세 개의 고리가 서로 연결된 상태가 된다. 흥미로운 점은, 자세히 살펴보면 어느 두 고리도 서로 직접 연결되어 있지 않지만, 어떤 연결장치도 없이 전체가 하나로 묶여 있다는 것이다. 따라서 세 고리 중 하나를 제거하면 나머지 두 고리는 분리된다.

또한, 세 고리의 배치는 독특한 균형을 이루고 있다. 각 고리를 살펴보면, 흰색 고리 위에 파란 고리, 파란 고리 위에 회색 고리, 그리고 회색 고리 위에 흰색 고리가 놓여 있는 형태를 볼 수 있다. 이러한 신비로운 구조를 '보로메안 고리Borromean rings'라고 부른다.

보로메안 고리라는 이름은 이탈리아 북부의 유명한 귀족 가문인 보로메오Borromeo 가문에서 유래되었다. 이 가문은 세 개의 고리가 서로 결합하여 하나의 구조를 이루는 고리를 가문 문장에 사용했다. 이 구조는 각 부분이 독립적으로는 완전하지 않지만, 서로 연결되어 있을 때 강력한 결속을 이룬다는 가문의 연대를 상징한 것이다.

기독교에서는 보로메안 고리가 삼위일체(성부, 성자, 성령)를 상징하기도 한다. 세 개의 고리가 하나의 전체를 이루는 모습은 기독교의 삼위일체 교리와 깊은 연관이 있다. 화학자인 프레이저 스토다트Fraser Stoddart는 분자 구성 요소에서 보로메안 링을 활용하여 2016년 노벨 화학상을 수상하였다. 그의 연구는 복잡한 분자 구조에서 보로메안 고리의 원리를 적용하여 새로운 형태의 분자 기계를 설계하는 데 중요한 기여를 했다. 이러한 분자 기계는 나노기술과 생화학 분야에서 여러 가지 응용 가능성을 열었다.

보로메안 고리는 세 개의 고리가 서로 분리되어 있으면서도 동시에 단단하게 하나로 엮여 있는 독특한 구조를 지니고 있어 관계에 대해 많은 생각을 하게 한다. 각기 다른 독립적인 사람으로 존재하지만, 한 가정 안에서 하나가 되는 가족의 모습이 그려지기도 하고 하나의 국가 안에서 여러 갈등을 겪고 있는 모습도 떠오르기도 한다.

'나'와 '타인'은 겉보기엔 단순한 개인 간의 직접적인 관계처럼 보이지만, 그 이면에는 법과 제도, 문화와 언어, 역할 분담 같은 보이지 않는 사회적 구조가 섬세하게 얽혀 있는 관계이다.

예를 들어 직장에서 갈등이나 마찰은 단순한 성격 차이가 아니라, 위계질서를 강조하는 조직문화나 성과 중심의 제도적 압박에서 비롯되었을 가능성도 있다. 이 경우 나와 타인의 갈등을 하나로 묶어주는 다른 고리, 사회의 고리가 필요하다.

보로메안 고리처럼, '나'와 '타인' 사이의 얽힘을 제대로 풀어주기 위해서는 '사회'라는 세 번째 고리를 함께 바라보아야 한다. 우리는 관계의 구조를 읽어내는 눈을 가져야 하며, 누군가의 말과 행동 이면에 존재히는 보이시 않는 규범과 질서, 기대와 전제를 함께 살펴보아야 한다. 그 사회 구조 속에서의 타인을 바라볼 때 갈등은 풀어질 수 있다. 사회라는 고리는 '나'와 '타인'이라는 두 고리 없이는 존재할 수 없다. 건강한 사회의 고리를 만드는 것은 '나'와 '타인'이 함께 해야 할 일이다. 세 고리는 서로를 지탱하며 하나의 구조를 이루고 있다. 잘못 엮으면 서로가 꼬여 서로 안에 갇혀 있게 되지만 지혜롭게 잘 엮으면 각각이 건강한 개체이면서도 하나로 조화를 이룰 수 있는 튼튼한 관계를 갖게 되는 것이다.

이제 우리에게 필요한 것은, 갈등을 바라보는 새로운 상상력이다. 당사자들만을 바라보는 시선을 넘어서, 그들을 둘러싼 구조와 문화, 제도를 함께 살피는 시선. 관계의 맥락을 이해하고, 얽힘의 구조를 인식하며, 하나의 고리를 건드릴 때 전체가 어떻게 반응하는지를 느낄 수 있는 섬세한 감각. 그러할 때 비로소 우리는 갈등의 고리를 단순히 끊는 것이 아니라, 전혀 다른 방식으로 새롭게 엮어낼 수 있을 것이다.

오늘날 우리 사회가 겪고 있는 다양한 갈등 ― 젠더 갈등, 세대 갈등, 이념 갈등, 노동 갈등, 교육 갈등 등 ― 이 모든 문제 역시 단지 개별적인 사람들 간의 충돌이 아니라, '나와 타인과 사회 시스템'이라는 세 고리가 어떤 방식으로 얽혀있는가에 대한 이야기이다. 보로메안 고리는 우리에게 조용히 말한다. "두 고리만으로는 아무것도 되지 않습니다. 전체를 함께 보아야 합니다. 이 갈등과 어려움을 해결할 길이 반드시 존재하니, 부디 희망을 잃지 마십시오."

미국 매사추세츠주 보스턴 코플리 스퀘어 트리니티 교회에 있는 보로메안 고리

Q 묻고

답하기 A

세상이 어지러울수록 우리는 왜 본질로
돌아가고 싶어질까? 그 본질을 마주하는
데 수학이 어떤 역할을 할 수 있을까?

세상이 어지러울수록 우리는 마음속 깊은 곳에서 본질을 갈망하게 된다. 삶이 복잡해지고, 정보가 넘쳐나고, 감정이 소음 속에 묻히는 시대일수록, '진짜 중요한 것이 무엇인가?'라는 질문은 더욱 간절하게 다가온다. 그리고 그런 질문 앞에서, 우리는 의외의 길을 발견하게 된다.

바로 수학이라는 언어다. 수학은 흔히 '정답의 학

문'으로 인식되지만, 그것은 표면에 불과하다. 더 깊이 들여다보면, 수학은 세상의 구조를 꿰뚫어 볼 수 있는, 본질을 응시하게 하는 사고의 도구이며, 본질을 다루는 학문이다.

수학은 변하지 않는 것, 모든 것의 바탕이 되는 원리, 보편성과 균형을 탐구하는 학문이기 때문이다.

우리가 혼란스러울 때, 수학은 말한다. "본질은 늘 거기에 있었다."고.

불확실성 속에서 확실한 것이 필요할 때, 수학은 영원한 질서와 정밀함으로 위안을 준다.

수학은 그 자체로 조화롭고 아름다운 법칙들을 보여준다. 그 법칙을 깨달아 가면서 우리는 삶을 되돌아보며 삶의 좌표를 다시 설정할 수도 있고, 내면을 고요히 정렬할 수도 있다.

또한 수학은 우리에게 끊임없이 '질문하는 힘'을 길러준다. "왜 그런가? 어떻게 되는가? 무엇이 빠졌는가? 그 물음은 곧 자아 성찰의 방식과 맞닿아 있다." 수학은 감정이나 직관만으로 움직이지 않고,

늘 근거를 찾고, 증명하려 한다.

수학을 공부하는 과정에서 우리는 자신의 사고를 정제하고, 감정의 소음을 걷어내며, 진짜 자신을 만나게 된다.

예를 들어, 복잡한 문제를 단순하게 바라보는 능력, 서로 다른 해석이 가능하다는 다중 관점의 인식, 틀렸다는 것을 인정하고 다시 시도하는 태도. 수학 공부를 할 때 이 모든 것들은 삶에도 그대로 확장되는 본질적 자세이다.

그리고 무엇보다 수학은 우리로 하여금 '보이지 않는 것을 바라보는 시선'을 갖게 한다. 그 시선은 세상의 겉모습 너머를 살펴보는 사고의 습관이 되기도 한다.

세상이 복잡하고 혼란스럽게 느껴질 때, 우리는 쉽게 중심을 잃고 바깥의 자극에 시선을 빼앗기기 쉽다. 하지만 수학은 다시금 우리를 내면으로 향하게 한다. 겉의 소란을 가라앉히고, 마음의 질서를 차분히 정리하도록 도와준다. 그 과정을 거치며 우리는 문득 깨닫게 된다.

수학은 단순히 문제풀이를 하는 학문이 아니라는 것을. 수학을 공부하면서 삶에서 중요한 본질을 추구하는 태도를 기를 수 있다는 것을….

수학은 우리 안에 언제나 질문을 던지고 있으며 그 질문에 조용히 응답해 왔다는 것을….

2부

일의
감각이
되는

수학

보이지 않는 원리와 구조를 탐구하는 언어가 수학이다.

알의 공식
공식을 알아서 무엇에 쓰려고

달걀은 대칭 타원체가 아니라 한쪽이 다른 쪽보다 약간 길쭉한 타원체이다. 그렇다면 알은 모두 비대칭 타원체 모양일까? 그렇지 않다. 대칭 타원체, 구형 그리고 서양 배 모양의 조롱박 형태의 알도 있다.

달걀은 왜 이러한 모양이 되었을까?

우선 알 속의 배아를 보호하는 차원에서 생각해 볼 수 있다. 알은 새끼가 껍데기를 깨고 나올 때까지, 밖에서 눌러도 안에 있는 배아가 눌리지 않도록 알의 내부를 보호해야 한다. 알이 네모지거나 뾰족한 부분이 있다면 어미 닭이 품기도 어렵고 뾰족한 부분끼리 부딪쳐 깨어지기 쉽다. 그러니 달걀은 각이 지지 않은 구형이나 타원체 모양이어야 한다.

그렇다면 달걀은 왜 구형이 아니고 타원체 모양을 띠고 있을까? 어미가 알을 데울 때 열 손실을 줄이는 효과로만 본다면 알의 모양이 구형인 것이 가장 유리하다. 내용물이 차지하는 부피가 같다면 구의 표면이 넓이가 가장 작으므로 에너지 효율 면에서 구 모양이 유리하다. 또한 구의 모양일 경우에 표면적이 작아서 달걀을 구성하는 알껍데기의 양도 적게 들 것이다. 그런데도 달걀은 구 모양이 아니라 타원체의 모습이다. 왜 그럴까?

만약 알이 구형이라면 어떤 일이 일어날까? 잘 굴러갈 것이다. 그러면 어쩌다 실수로 움직이게 된 알들은 계속 굴려서 아래로 떨어질 것이다. 달걀이 구형이 아니고 타원모양인 이유는 안전과 관계가 있다.

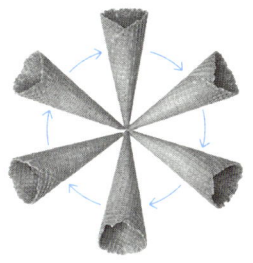

한쪽이 극단적으로 긴 경우의 아이스크림콘의 모양을 생각해 보자. 이 콘을 굴리면 직선 방향으로 가지 않고 원을 그리며 돌면서 제자리로 오게 된다.

달걀도 마찬가지이다. 달걀을 바닥에 놓으면 길쭉한 쪽으로 기울여져 놓이게 된다.

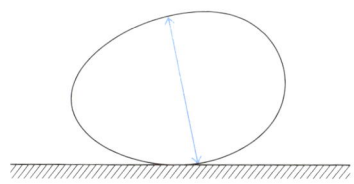

달걀도 굴려보면 길쭉한 한쪽으로 원을 그리며 돌다가 제자리로 오게 된다. 달걀이 둥지를 벗어나더라도 아래로 쉽게 떨어지지 않는다. 바위나 절벽의 선반에 둥지를 트는 새들이 한쪽이 더 길쭉하고 뾰족한 달걀형 모양의 알을 낳는 이유가 바로 여기에 있다.

이 알들과는 달리 나무 안에 정교한 둥지를 만들어 알을 낳는 올빼미는 구형에 가까운 알을 낳는다. 올빼미 알은 굴러떨어질 가능성이 거의 없으므로 올빼미는 열 손실을 줄이는 구형에 가까운 알을 낳는다.

이 외에도 알의 모양은 어미 새의 비행 능력과 관련된 생리적 특징에 의해 좌우되기도 한다고 프린스턴 대학의 연구팀이 2017년 사이언스지에 발표했다. 그들은 1,400종의 49,000개 이상의 알 모양을 분석하여 멀리 나는 새일수록 몸에 비해 날개가 크고 길쭉한 계란형의 알을 낳는다는 사실을 발견했다. 멀리 날아야 하는 새들은 먼 비행을 위해 매끈하고 몸통이 작은 유선형의 몸을 유지하도록 진화되었고 그 결과 알의 내용물의 부피를 유지하면서 유선형의 몸으로 어미 새의 좁은 골반을 통과하여 밖으로 빠져나갈 수 있도록 길쭉한 형태의 알을 낳게 되었다는 것이다. 그에 비하여 타조와 같이 날지 못하는 새들은 구형에 가까운 알을 낳는다.

한편, 켄트 대학연구팀은 2021년에 모든 알의 모양을 설명할 수 있는 보편적인 공식을 만들었다. 알의 길이, 알의 최대 너비, 최대 너비 선에 의하여 두 부분으로 나누어진 길이 선에 대하여 나누어진 두 부분의 길이 차이, 알의 길쭉한 쪽에서 길이의 1/4 거리에 있는 지점에서의 알의 너비 등의 4개의 변수가 알 전체의 모양을 결정한다는 것을 밝혀내고 알의 모양을 알 수 있는 다음과 같은 기본 공식을 발표했다.

$$y = \pm \frac{B}{2} \sqrt{\frac{L^2 - 4x^2}{L^2 + 8wx + 4w^2}} \cdot p(x)$$

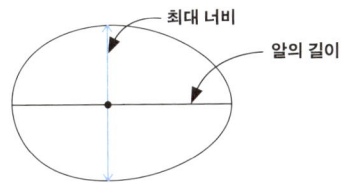

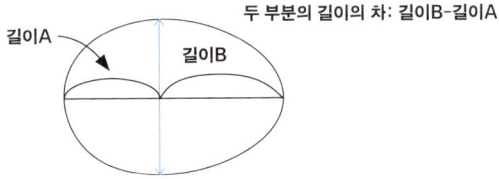

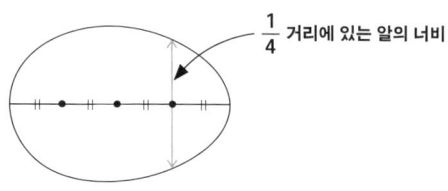

알의 모양과 크기에 적용되는 이 공식은 모든 알에 적용되는 보편적인 자연의 이치를 깔끔하고 명료하게 기술한 멋진 결과이다.

어떤 이들은 이렇게 말할지도 모른다.

"그 공식을 알아서 어디에 쓰려고?"

축구공의 모양을 기술하는 수학적 원리가 있다. "그걸 아는 게 무슨 소용이야?"라고 반문할 수도 있겠다. 그러나 바로 그 원리 속에는 1985년에 발견된 풀러렌(C_{60})의 구조가 숨어 있었다. 이 혁신적인 분자는 신소재 산업을 비롯한 다양한 과학 분야에서 중대한 역할을 하며, 자연이 품고 있던 놀라운 법칙을 드러내 주었다. 처음엔 단순한 도형을 설명하는 수학 공식처럼 보였을지 몰라도, 그 안에는 자연의 질서와 조화가 오롯이 담겨 있었던 것이다.

자연은 본질적으로 간결하며, 수학은 그 속에 숨겨진 원리를 발견하는 과정이다. 수학은 단순한 계산을 넘어, 자연과 세상을 관통하는 가장 근본적인 질서를 탐구한다. 이 탐구는 새로운 가능성을 여는 문이 된다. 아르키메데스는 목욕 중 밀려나는 물의 양을 관찰하며 이를 수학적으로 사고하였고, 부피와 밀도라는 자연의 간결한 법칙을 깨달았다. 그의 발견은 부력의 법칙으로 정리되어 이후 과학과 공학 발전의 초석이 되었으며, 오늘날에도 선박, 항공기, 해양 탐사, 우주 연구 등 다양한 분야에서 중요한 역할을 한다. 이는 수학적 사고가 세상의 원리를 이해하는 데 얼마나 핵심적인 도구인지를 여실히 보여준다. 최근, 캘리포니아대 버클리 캠퍼스 전기전자컴퓨터공학과의 젤라니 넬슨 교수가 인공지능(AI) 기술의 발전을 위한 강력한 수학 기초 확립을 촉구하며 서명 운동을 시작하였고, 테슬라 CEO 일론 머스크, 오픈AI CEO 샘 올트먼을 비롯한 수많은 저명한 기업인들과 학자들이 이에 동참하였다. 그 이유는 명확하다. 문제를 체계적으로 분석하고 해결하는 능력을 길러주는 수학적 사고는 빅데이터 관리, 검색 엔진, 질병 확산 예측, 금융, 물류 유통, 환경 문제 해결 등 다양한 분야에서 난제를 풀어가는 강력한 무기이기 때문이다. 문제의 복잡성이 클수록, 수학적 사고의 가치는 더욱 빛을 발한다.

Q.E.D
증명이 끝났다는 착각

와일즈가 n이 3보다 큰 정수일 때 $x^n + y^n = z^n$을 만족하는 정수 x, y, z가 없다는 페르마의 추측이 옳다는 것을 증명했다고 발표하고 "이쯤에서 끝내는 것이 좋겠습니다."라고 말했다. 하지만 석 달이 지나지 않아 그는 그의 증명에 약간의 오류가 있음을 인정해야만 했다. 그 후, 와일즈는 1년 동안 오류를 수정하고 증명을 완성했다. 이 수정된 증명은 수학 역사에 남을 위대한 업적이 되어 수학계뿐 아니라 온 세상이 그의 업적을 칭송했다.

그 당시 위대한 수학 철학자이자 과학 철학자인 리카토스가 살아있었다면 그는 와일즈의 증명에 대해 이렇게 말했을 것이다.

"그의 증명이 끝났다고? 아니야!"

참고로, 라카토스를 기리기 위해 만든 라카토스상은 과학철학계의 노벨상이라 불리며 과학철학 분야에 뛰어난 저자에게 수여한다. 케임브리지 대학의 장하석 교수가 2006년에 이 상을 수상했다.

이제, 라카토스가 바라보는 수학을 살펴보자.

그리스 시대의 유클리드나 아르키메데스는 명제 증명의 마지막에 Q.E.D.를 써서 명제에 대한 증명이 종료되어 명제가 '참'임이 확증되었음을 표시했다. 이 영향으로 오늘날에도 증명이 끝나는 지점에 'Q.E.D.'를 사용하기도 한다. Q.E.D.는 라틴어 Quod Erat Demonstrandum의 약자로, 유클리드와 아르키메데스가 쓰던 "ὅπερ ἔδει δεῖξαι"를 라틴어로 옮긴 것이고 영어로 직역하면 'What was to be demonstrated'로, 한국어로는 '증명되어야 했던 것' 또는 '증명 완료'라고 할 수 있다.

수학은 의심의 여지가 없는 증명이 쌓여 발전한다고 흔히 생각한다. 그런데 라카토스는 수학적 지식은 추측과 반박에 의하여 성장하는 것에 불과하며 반박되지 않을 때까지만 잠정적으로 옳은 것이라고 주장했다. 반례로 말미암아 새로운 증명은 이전의 반박에 관해 설명하고, 또 다른 새로운 반례는 수정된 증명을 요구함으로써, 추측이 개선된다. 따라서 증명의 기능은 어떠한 추측이 확립함을 보장하는 것이 아니라 그 추측을 개선하게 한다는 것이다.

다시 말해 수학 이론은 오류 가능하며 언제든지 반례를 통하여 반박할 수 있고, 수학은 이러한 반박을 통하여 발전하고 개선된다는 것이다.

그의 주장은 매우 충격적이었지만 라카토스가 수학사를 치밀하게 연구하여 구체적인 사례로 그것을 규명함으로써, 그의 증명과 반박의 오류주의 수학관은 의미 깊은 새로운 수학관으로 인정받게 되었다.

완벽하다고 생각해왔던 것에 대해 그렇지 않을 수도 있다는 물음!

옳다고 믿어왔던 것에 대해 그렇지 않다고, 틀렸을 수도 있다고 생각하는 것은 새로운 것을 발견하고 발전의 원동력이 되기도 하다. 그렇다면 이제껏 옳다고 믿어져 왔던 그 전의 것들을 한순간에 완전히 부정하는 것은 발전을 위해 좋은 것일까?

라카토스의 생각은 그렇지 않은 것 같다.

"모든 이론은 본질적인 구조로 일컫는 핵과 그것을 보호하는 보호대로 구성되어 있다. 반박이 일어나는 부분은 핵의 부분이 아니고 보호대의 부분에서 일어난다. 다시 말해 핵은 보전이 되고 반박은 주로 보호대에 대하여 이루어진다. 이 반박을 통해 보호대가 수정되고, 핵에 새로운 개선점들이 첨부됨으로써 이론이 발전한다."라고 그는 말했다.

그전까지는 본질적인 대안, 다른 완벽한 체계가 나오기 전까지 핵심을 유지한 것들은 개선하고 발전시키는 것이 중요하다고 생각했다.

가벼운 예를 들어보겠다.

가까운 친구들과 여러 가지 세부 계획을 세워 제주로 왔지만, 여행하다 보니 예상치 않은 어려움이 생겼다. 이때 세부 계획들을 비판적으로 다시 돌아보고 개선책을 찾아보는 것은 더 나은 여행으로 이끌 가능성이 있다. 하지만, 계획의 핵이 되는 '제주로 온 것 자체'를 탓하며 대안 없이 비난하는 것은 문제 해결에 도움이 되지 않고, 오히려 여행을 더욱 힘들게 만들 뿐이다.

어떠한 계획안에 대하여 비판할 때도 마찬가지이다. 그 계획의 핵과 세부 상황을 구분하여 핵에 비판을 가할 때는 구체적인 대안을 갖고 있어야 한다. 대안이 없을 때는 잠정적으로 계획의 핵을 인정하고 세부 상황의 개선에 초점을 맞춘 비판이 더 나은 계획으로 이끄는 긍정적인 관점이 될 수 있다. 즉 "비판이나 반박의 목적은 개선과 성장이지 감정적인 비난이 아니다."라는 점이다.

사회 구조에 불합리한 면이 있을 때, 사회 구조 전체를 부정하기보다는 개선점에 몰두하는 것이 우리 사회를 안정적으로 더 발전시킬 수 있는 것 아닐까? 비판과 반박이 난무하는 시대, 한번 깊이 숙고해야 할 관점이다.

지구 둘레의 길이
사소하고 미묘한 감정들

지구가 둥글다는 사실을 증명한 사람은 1521년에 세계일주를 한 마젤란이다. 그는 배를 타고 스페인에서 출발해 지구 한 바퀴를 돌아 스페인에 도착하면서 지구 구형론을 증명했다. 그전까지 대부분의 사람은 지구가 평평해서 배를 타고 멀리 나가면 낭떠러지로 떨어진다고 생각했다. 그런데 기원전 3세기에 지구가 둥글다고 생각하고 지구의 둘레를 계산한 사람이 있다. 바로 에라토스테네스^{Eratosthenes}이다. 당시 알렉산드리아 도서관의 관장이었던 그는 문헌학, 지리학, 수학, 천문학 등 다양한 학문에 호기심이 많았으며, 사소한 것도 그냥 지나치지 않았다. 태양빛 하나까지도. 그는 태양이 가장 높이 뜨는 하짓날에 시에네(현재의 이집트 아

아스완 지역에 있는 우물 유적

스완)에서는 태양빛이 우물의 바닥까지 닿는다는 것을 전해 들었다. 즉 태양빛이 지면에 수직으로 내려온 것이다.

시에네에서는 막대기에 그림자가 생기지 않았지만, 같은 시각, 에라토스테네스가 사는 알렉산드리아에서는 수직으로 세운 막대기에 그림자가 생겼다. 이는 알렉산드리아에서 태양빛이 지면에 수직으로 내려오지 않았다는 것을 의미한다.

만약 지구가 평평한 평면이라면, 태양 광선은 평행하게

지구로 들어오기 때문에 같은 시각이라면 어느 장소에서든 그림자의 길이가 동일해야 한다.

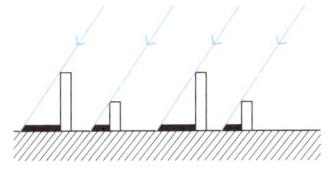

그러나 실제로는 그렇지 않은 현상이 발생한 것이다. 에라토스테네스는 시에네에서 태양빛이 수직으로 내려오는 시각에, 이 도시와 먼 곳일수록 그림자의 길이가 길어진다는 것을 관찰하고, 이를 바탕으로 지구의 모양이 구형일 수밖에 없다는 결론에 도달했다.

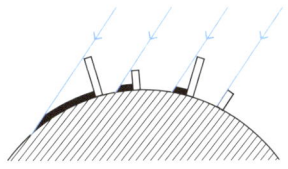

그는 여기서 그치지 않았다. 그는 한 걸음 더 나아가 지구의 둘레가 얼마일지 궁금해졌다. 이 질문은 지구 둘레를 측정하려는 첫 번째 실제적인 시도로 이어졌으며, 인간의 관심을 단순한 이론을 넘어 실제 측정으로 이끈 중요한 전환점이 되었다. 이 질문을 통해 '도시 A'와 '도시 B' 사이의 거리를 아는 경우, 각 $x°$만 알면 지구 둘레의 길이를 구할 수 있다는 것 또한 알게 되었다.

그렇다면 각 $x°$는 어떻게 구할 수 있을까? 바로 평행선에서의 엇각 성질을 활용하면 된다. 빛은 평행하게 도달하고, 평행선에서 엇각은 항상 동일하므로, 각 $x°$는 막대기와 빛이 이루는 각도와 같다는 것을 알 수 있다.

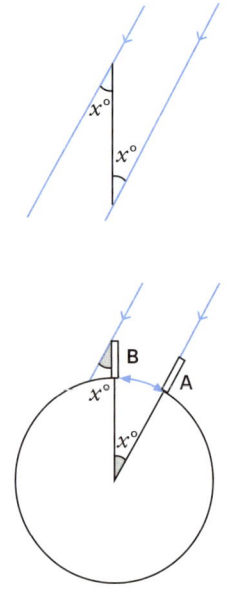

지구 둘레의 길이 : 두 도시 A, B 사이의 길이 = 360° : $x°$

지구 둘레의 길이 = 두 도시 A, B 사이의 거리 $\times \dfrac{360}{x}$

에라토스테네스는 '도시A'를 시에네, '도시B'를 알렉산드리아로 설정하고, 두 도시 사이의 거리를 5000 스타디아, 즉 현재 미터법으로는 925km로 계산했다.

각 $x°$는 약 7.2°이어서 그는 지구 둘레의 길이를 약 $925 \times \dfrac{360}{7.2}$ =46,250(km)이라고 추측했다. 실제로 지구 둘레의 길이는 약 40,075km로 두 도시 사이의 거리 계산에 일부 오차가 있었음에도 불구하고, 그의 추정치는 매우 근접한 값을 보여준다. 에라토스테네스는 간단한 기하학적 원리를 통해 지구가 둥글다는 중요한 발견을 하였고, 그 결과 지구의 둘레까지 정확하게 측정할 수 있었다.

이 엄청난 업적은 단순한 호기심에서 비롯된 것이었다. 사소한 그림자 현상조차 간과하지 않고, 그 속에 숨어 있는 의미를 찾아내려는 깊은 관심이 새로운 아이디어로 이어졌고, 그의 끊임없는 관찰과 실험은 더 깊고 정확한 탐구를 가능하게 만들었다.

비즈니스 세계에서도 작은 디테일을 놓치지 않는 것이 탁월한 경영자의 중요한 자질로 꼽힌다. 스티브 잡스는 애

플 제품의 외관은 물론 작은 포장 박스에 이르기까지 모든 세부사항을 면밀히 고려하여, 고객에게 단순한 소비 이상의 특별한 경험을 선사했다. 이처럼 디테일은 단순한 외적 요소를 넘어, 고객의 경험을 형성하는 핵심적인 역할을 하며, 미세한 부분들이 비즈니스 성공을 가르는 중요한 요소임을 보여준다.

우리의 삶에서도 사소함은 사소함으로 끝나지 않는 경우가 많다. 때로는 사소함이 사람의 인생의 질을 결정하는 요소로 작용하기도 한다. 사람들은 사소함에 귀를 기울여 주는 누군가로 인해 자신의 장점을 발휘하며 살 수 있다. 나의 사소한 목소리에 귀를 기울여 주는 누군가는 단순히 내 목소리를 듣는 것이 아니라, 내 안에 숨겨진 미묘한 감정들까지 이해하려 애쓰는 사람이다. 나의 작은 사소함이 진지하게 받아들여질 때, 자신이 가치 있다고 느끼고 가치 있는 삶을 추구하며 살아가게 된다.

살아가면서 이 사소함에 관심을 기울이는 사람을 결코 놓치지 마시길 바란다. 그리고 누군가의 사소함에 관심을 기울이셨으면 한다.

알렉산드리아 도서관에 있는 에라토스테네스 업적을 기리기 위한 전시물

황금비
가이드라인만 중요할까

세로보다 가로가 긴 직사각형이 있다. 이 직사각형은 특이한 특징이 있는데, 세로를 한 변으로 하는 정사각형을 잘라내면 남은 작은 직사각형은 원래 직사각형과 닮은 형태가 된다. 두 도형이 닮은꼴이라는 것은 두 직사각형의 가로와 세로의 비가 같다는 것이다.

계속하여 이 작은 직사각형에서 다시 세로를 한 변으로 하는 정사각형을 잘라내면 남은 작은 직사각형들은 원래의 직사각형과 닮은 형태가 된다. 이런 과정을 무한히 반복하면, 무한히 많은 닮은 직사각형들이 나오게 된다.

가로와 세로의 길이의 비가 어떠하길래 이러한 특이한 성질이 나올까?

이제 이 비에 대하여 알아보자. 우선 세로 변의 길이를 1이라 하고, 가로 변의 길이를 x라고 한다.

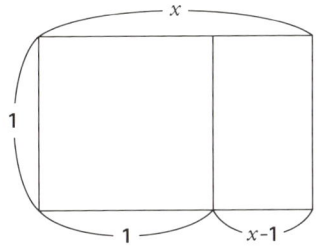

여기서 세로를 한 변으로 하는 정사각형을 잘라냈을 때, 남은 직사각형의 변의 길이는 각각 $x-1$, 1이 된다. 그런데 두 직사각형이 닮은 모양이 되어야 하니 $x:1=1:x-1$ 즉,
$\frac{x}{1} = \frac{1}{x-1}$ 이고
$x(x-1)=1$, 그래서 $x^2-x-1=0$

그러니 $x = \frac{1 \pm \sqrt{5}}{2}$ 가 되는데 변은 양수이니까 $x = \frac{1 + \sqrt{5}}{2}$ 즉 $\frac{1+\sqrt{5}}{2}$ 의 값은 약 1.618 정도가 된다.

이 복잡하고도 특이한 1:1.618의 비를 고대 그리스인은 아름다움과 관련해 중요시했다. 특히 피타고라스 학파는 정오각형에서 한 변과 대각선의 비가 이 특정한 비 $\frac{1+\sqrt{5}}{2}$ 라는 것을 발견했다. 이로 인하여 중세 교회 그림에 정오각형 형태의 구상이 많이 사용되었다. 특히 레오나르도 다빈치는 이 비를 신의 비라 칭하며 그의 작품에서 정오각형을 써서 이 비를 활용했다.

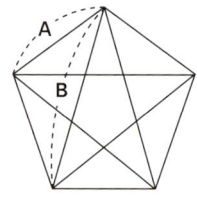

정오각형별

A:B = 1 : $\frac{1+\sqrt{5}}{2}$

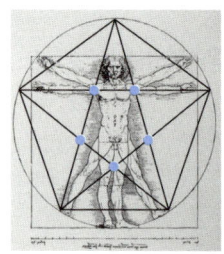

이 황금비가 요즘 제품을 제작할 때 많이 적용되는 것을 볼 수 있다. 황금비라는 말은 1800년대에 한 수학자가 아리스토텔레스가 부족하지도 남지도 않는 중간을 표현하는 개념으로 사용한 '황금중용'이라는 용어에서 '황금'이라는 말과 아름다운 비라는 말을 합쳐서 만든 말이다. 식물이 자라는 모습이나 조개껍데기, 해바라기 꽃 씨앗을 보면, 그 안에는 황금 비율이 다양한 모양으로 나타나 있다. 황금 비율은 자연물이나 자연 속에서 쉽게 발견된다.

1876년에 독일 실험 심리학자 구스타프 테오도어 페히너 Gustav Theodor Fechner 는 인간이 본성적으로 어떤 비를 아름답다고 생각하는지를 알아내기 위해 10개의 서로 다른 크기를 가진 직사각형을 제시하고, 참가자들에게 어떤 것을 가장 선호하는지 선택하게 했다. 이 실험에서 참가자의 75.6%가 황금 비율에 가까운 3개의 직사각형을 선택했다. 페히너의 실험은 이후 여러 연구자들에 의해 반복되었고, 동일한 결과를 계속 나타냈다.

 이후 황금비는 아름다움을 측정하는 일종의 가이드라인으로 간주되었다. 수많은 제품 디자인부터 건축물 및 미술 작품까지 다양한 분야에서 황금비를 최상의 아름다움을 창출하는 비의 기준으로 삼게 되었다.

예를 들어, 많은 자동차 회사의 로고가 황금비를 고려하여 디자인되었다.

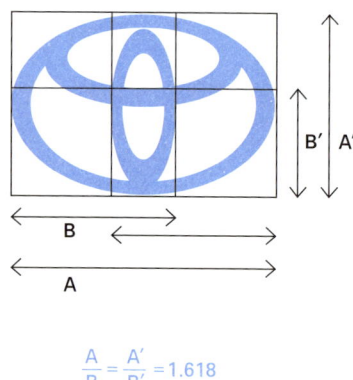

$$\frac{A}{B} = \frac{A'}{B'} = 1.618$$

황금비를 디자인에 적용해 일관성 있고 균형 잡힌 아름다움을 구현한 제품이나 작품은 많은 사람에게 높은 시각적 만족감을 주었다. 그러나 황금비를 아름다움과 균형의 절대적인 기준으로 과도하게 적용한 나머지, 과거의 예술 작품이나 건축물을 억지로 이 비율에 부합하도록 해석하려는 경향도 나타났다. 이러한 황금비 중심의 과도한 시각은 아름다움에 대한 창의적 해석을 제한하고, 독창적인 표현을 억압할 수 있는 우려를 낳는다. 디자인에는 기본적인 가이드라인이 필요하지만, 그 기준이 지나치게 제한적이거나 절대적인 형태로 적용될 경우, 제품의 다양성과 혁신성은 위축될 수 있다. 따라서 황금비와 같은 원리를 경직되게 적용하기보다는, 이를 유연하게 활용하여 창의성과 예술적 표현을 조화롭게 살리는 방향으로 접근하는 것이 중요하다.

모든 영역에는 항상 양면성이 존재하며, 우리는 이러한 이중성의 균형을 고려한 사고를 유지할 필요가 있다.

무리수
공약 불가능성

실수는 크게 두 가지로 나눌 수 있다. 소수로 표현할 수 있는 유리수와 그렇지 않은 무리수이다. 유리수는 두 정수의 비율로 나타낼 수 있는 수로, 그 본질은 "有(있다)"와 "無(없다)"라는 한자를 통해 엿볼 수 있다. "리(理)"는 이치, 원리, 질서 등을 뜻하는데, 유리수는 규칙과 질서를 나타내는 수로, 그리스인들에게는 직관적으로 이해할 수 있는 수였다. 반면, 무리수는 이해할 수 없는 수로 여겨졌고, 그 개념은 당시 그리스인들에게 큰 충격을 주었다. 그들은 무리수를 처음 접했을 때 큰 혼란을 겪었지만, 이 새로운 개념을 단순히 배척하지 않았다. 오히려 그들은 무리수를 '이치에 맞지 않는 비합리적인 수'로 치부한 것이 아니라, 탐구와 연구를 통해 무리수의 존재를 인정하고, 새로운 수 체계를 만들기 위한 도전을 시작했다.

이 도전은 단기간에 해결되지 않았고, 수백 년 동안 이어진 노력 끝에 결실을 보게 되었다.

무리수의 발견은 피타고라스 학파를 포함한 많은 수학자들에게 큰 난제를 안겨주었지만, 그 덕분에 수학은 더욱 완성도를 높였고, 비약적인 발전을 이룩하게 되었다. 이 탐구는 수학의 본질이 단순히 문제를 해결하는 것이 아니라, 해결되지 않은 문제를 탐구하고 그것을 새롭게 바라보는 데 있음을 보여준다. 유리수와 무리수의 차이는 '공약 불가능성'으로 설명되며, 이는 과학 철학에서도 신구 이론 간의 차이를 구분하는 중요한 용어로 확장되었다. 만약 그리스인들이 무리수를 인정하지 않았다면, 오늘날 우리가 알고 있는 수학은 존재하지 않았을 것이다.

과학이나 수학의 역사를 살펴보면, 놀랍게도 일종의 "비합리성"이 지식을 확장하는 근본적인 요소로 작용하는 경우가 많다. 지동설이 제기됐을 때, 많은 사람들은 "지구가 돈다고? 말도 안 돼!"라고 의문을 제기했다.

비유클리드 기하학이 발견되었을 때는 "직선이 휠 수도 있다고? 어처구니가 없네."라고 반응했다.

무한의 개념이 논의되었을 때, "무한의 종류가 무한이라고? 누가 그런 황당한 말을 해?"라고 비웃었다.

아인슈타인이 상대성 이론을 발표했을 때, "빛이 휜다고? 그게 사실일 리가 없잖아."라는 반응이 있었다.

아서 스탠리 애딩턴이 상대성 이론을 확증하기 위해 아프리카로 떠나려 할 때, "이 어처구니없는 사실을 보이려고 아프리카의 한 섬에 가야 한다고? 시간과 돈이 아까운 일이다."라는 비난이 있었다. 당시 많은 사람들이 이들을 황당하게 여겼지만, 진정한 위대한 업적들은 그 벽을 허물면서 탄생했다. 비합리성은 기존의 고정된 개념에 반하는 것이지만, 역으로 생각하면 비합리성은 고정된 관념을 혁파하는 열쇠가 될 수 있다.

우리가 마주하는 세상은 예측할 수 없이 끊임없이 변화하며, 새로운 비합리적 문제를 던진다. 이 과정에서 비합리성을 다시 바라보고 재정의하면서 스스로 성장의 기회로 삼는 것이 중요한 시대이다. 두렵더라도 열려 있는 마음으로 새로운 패러다임을 바라보고 다가가야 한다. 새로운 생각과 접근이 언제나 시대를 열어간다.

이발사의 역설
실패를 포용하면

'이발사의 역설'이라는 이야기를 들어보았는가? 어느 한 마을에 이발사가 살았다. 이 이발사는 마을 사람들 중에서 수염을 스스로 면도하지 않는 사람에게는 모두 면도를 해주지만, 자신이 스스로 면도하는 사람에게는 면도를 해주지 않는다는 광고를 냈다. 그렇다면 마을 사람 중 한 명인 이발사가 자신의 수염을 면도할 수 있을까? 이 질문에 대한 대답은 다소 난해하다. 만약 광고의 내용대로 이발사가 스스로 면도한다면 자기 자신을 면도를 해주지 않아야 한다. 하지만 이발사가 스스로 면도하지 않는다면 이발사는 자기 자신을 스스로 면도를 해야 한다. 이러한 상태, 즉, 이발사가 교착상태에서 벗어날 수 없는 이 이상한 상황을

'이발사의 역설'이라고 부른다.

이 역설은 추론 과정에 오류가 없지만, 최종적으로 논리적 모순에 직면하는 명제를 나타내며, 영어로는 패러독스 paradox라고 한다. 이 역설을 발견한 사람은 영국의 위대한 철학자이자 수학자인 버트란드 러셀Bertrand Russell이다. 이 역설은 당시 철학계와 수학계에 큰 충격과 혼란을 초래했다. 그 이유는 20세기 초기 가장 중요한 수학 과제 중의 하나가 집합 이론을 통해 수학의 무모순성을 규명하려는 시도였다. 그런데 이 역설이 그러한 시도가 실패할 수 있다는 가능성을 시사했기 때문이다.

'이발사의 역설'을 집합을 통하여 표현해 보겠다.

어떤 조건에 따라 결정되는 원소(대상)들의 모임을 '집합'이라 한다.

예를 들어 개들의 집합 A를 생각해 보자.

$A=\{$ 진돗개, 푸들, 몰티즈, ... $\}$

그리고 진돗개가 집합 A의 원소임을 진돗개$\in A$와 같이 표현한다.

여기서 질문을 하겠다. A의 원소에 A가 들어갈까? 즉 자기 자신을 원소로 가질까? $A \in A$? 그렇지 않다. A는 개들의 모임이지 개가 아니므로 A의 원소가 될 수 없다. 즉 $A \notin A$이다.

이제 개가 아닌 모두 것들을 모은 집합 B를 생각하여 보자.

$B=\{$ 커피, 사진, 러셀, ... $\}$

이제 B라는 집합을 보자. B의 원소에 B가 들어갈까? 그렇다! $B=\{$ 커피, 사진, 러셀, ... $\}$는 개가 아니니 B의 원소가 될 수 있다. 즉 $B \in B$이다.

이렇게 우리는 자기 자신을 원소로 가지지 않는 집합과 자기 자신을 원소로 가지는 집합을 생각할 수 있다.

이제 자기 자신을 원소로 가지지 않는 모든 집합들을 모은 집합 $Z=\{X \mid X \notin X\}$을 생각해 보자. 이때 $Z \notin Z$이면 Z는 자기 자신을 원소로 가지지 않는 집합이므로 $Z \in Z$가 되어 모순에 이른다. 또한 $Z \in Z$이면 Z는 자기 자신을 원소로 가지는 집합이므로 $Z \notin Z$이 되어 역시 모순에 이르게 된다. 위 수학식은 이발사의 역설을 수학적으로 표현한 것이다. 집합 이론에서 이 역설은 단순한 논리 구조조차도 모순을 내포할 수 있다는 사실을 명백히 보여준다. 이와 관련된 논의는 수학계와 철학계에서 주요 주제 중 하나로 떠올랐다.

그리고 이 문제를 극복하기 위해 수많은 천재적 시도가 있었다. 그런데 수학의 기초를 뒤엎는 충격적인 결과를 역사상 최고의 논리학자로 꼽히는 쿠르트 괴델Kurt Gödel이 발표했다. 이를 간단히 표현하면 이렇다. 자연수를 포함한 어떤 체계에서도 그 체계 내에서 모순이 발생하지 않는다는 것을 그 체계 스스로 입증할 수 없다는 것이다. 즉, 수학의 체계는 반드시 불완전하다는 결론이다. 괴델의 불완전성 정리로 인해 형식화된 수학을 통해 완벽성과 무모순성을 확립하려던 수학자들의 시도는 실패로 돌아갔다. 이후에도 수학자들은 불확실성을 극복하려는 노력을 기울였지만, 많은 어려움에 직면하여 결국 절망적으로 실패하였다. 그러나 이러한 어려움은 오히려 새로운 해결책을 찾는데 기여한 계기가 되었다. 불확실성에 대한 심오한 고찰을 통하여 수학자들은 그전보다 수학을 이론적으로 더욱 정교하게 발전시켰으며, 수학의 실용적인 측면에 주목하면서 응용수학의 놀라운 성장을 이끌었다.

우리는 기술 혁신, 글로벌화 등으로 급변하는 시대에 살고 있다. 급격한 변화와 불확실성이 우리에게 다양한 도전을 불러일으켜 실패와 좌절을 종종 경험하게 만든다. 이 실패와 좌절을 어떻게 이해하고 받아들이느냐에 따라 성장할 수도 실패의 늪에 빠질 수도 있다. 실패와 좌절을 포용하는 태도와 새로운 해결책을 찾아 나아갈 힘이 자신에게 있음을 잊지 마시라.

솔로몬 애쉬의 실험
모든 의견은 한때 이상했다

다음의 그림을 살펴보자.

무엇이 보이는가? 오리가 보이는가, 아니면 토끼가 보이는가? 이 그림은 처음에는 오리로 보이지만, 다시 보면

토끼로도 인식될 수 있는 시각적 착시를 활용하고 있다. 이는 우리의 지각이 단순히 외부 자극에 의해서만 형성되는 것이 아니라, 개인의 사전 지식, 경험, 그리고 인식 체계에 따라 크게 달라질 수 있음을 보여준다.

따라서 우리는 다양한 관점을 수용하고, 서로 다른 해석이 어떻게 형성되는지를 이해하는 것이 중요하다. 이는 과학적 탐구뿐만 아니라 일상생활에서도 더 나은 이해와 소통을 위해 필수적인 요소이다. 예를 들어, 어떤 관찰자가 토끼가 전혀 존재하지 않는 환경에서 성장했다면, 그들은 이 그림을 보고 "저 그림은 분명 오리 그림이야! 어떻게 다르게 볼 수가 있어?"라고 주장할 것이다. 이러한 사례는 시각적 인식이 이론적 배경이나 개념에 의존적이라는 사실을 잘 보여준다.

즉, 우리의 이해와 인식은 단순히 시각적 정보에 국한되지 않으며, 주변 환경과 개인적인 경험 또한 우리의 판단에 깊은 영향을 미친다는 점을 함께 고려해야 한다. 이는 우리가 세계를 이해하는 과정에서 각자의 시각이 얼마나 주관적이고 다양할 수 있는지를 일깨워준다.

토마스 쿤Thomas Kuhn은 그의 명저 『과학 혁명의 구조』에서 과학자들이 동일한 현상을 관찰하더라도 각자의 이론적 배경이나 패러다임에 따라 다르게 해석할 수 있음을 설명했다. 이 그림은 이러한 주장을 뒷받침하는 대표적인 사례로 인용되며, 이는 과학자들이 동일한 데이터를 보고도 각자의 패러다임에 따라 서로 다른 결론을 도출할 수 있음을 의미한다.

예를 들어, 빛의 성질은 고전 물리학의 관점에서 파동 이론으로 분석할 수 있지만, 양자역학의 관점에서는 입자 이론으로 접근할 수 있다. 다양한 이론적 배경은 관찰자가 데이터를 해석하는 방식에 큰 영향을 미치며, 결과적으로 동일한 현상에 대해 서로 다른 이해와 결론을 도출하게 된다. 솔로몬 애쉬Solomon Asch는 1955년에 우리의 시각 판단이 얼마나 쉽게 왜곡될 수 있는지를 입증하기 위해 7~9명 그룹에게 매우 놀라운 실험을 진행했다. 이 실험에서 참가자들은 세 개의 길이가 서로 다른 선 중에서 왼쪽에 있는 목표선과 같은 길이의 선을 고르는 간단한 작업을 수행했다.

실험 참가자들은 서로의 의견을 나눌 수 없었고, 각자 독립적으로 판단하여 순서대로 답변하도록 지시받았다. 그러나 마지막 순서의 참가자, 즉 실제 피실험자는 제외하

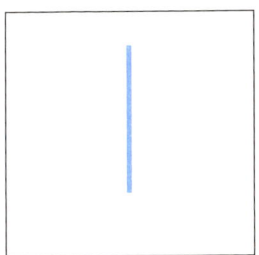 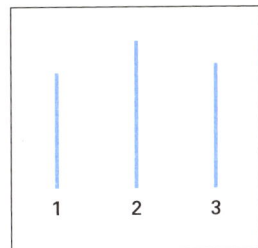

고 나머지 참가자들은 미리 짜여진 각본에 따라 답변하는 실험 협조자들이었다.

처음 두 번의 시도에서는 모든 참가자가 정확한 답변을 제시하여 실험은 순조롭게 진행되었고, 피실험자는 이를 지루하고 무의미하게 여겼다. 그러나 세 번째 시도에서 첫 번째 협조자가 틀린 답변을 주저 없이 말하자, 피실험자는 믿을 수 없다는 표정을 지었고, 이후 시행이 거듭될수록 다른 참가자들이 연이어 같은 잘못된 답변을 반복함에 따라 피실험자는 혼란과 불안을 느끼기 시작했다. 결국 그는 만장일치를 이루는 다수의 의견에 순응할 것인지, 아니면 자신의 판단을 고수할 것인지 선택해야 하는 상황에 직면하게 되었다.

실험 결과, 총 123명의 피실험자 중 절반 이상이 최소 한

번 이상 다수의 잘못된 의견에 동조하는 경향을 보였다. 실험 후 인터뷰에서 피실험자들은 자신이 동조한 이유가 시각의 변화 때문이 아니라, 다수가 옳다고 믿거나, 혼자 반대자가 되기 싫었던 것이라고 설명했다. 물론, 완전히 독립적이며 다수의 잘못된 판단에 동의하지 않은 피실험자들도 존재했다.

애쉬의 실험은 보상이나 처벌 같은 외부적 요인이 없는 상태에서 이루어졌기 때문에 동조 압력이 최소화된 환경이었다. 그러나 이러한 실험적 환경은 일상적인 상황, 특히 모호한 문제에 관한 토론에서 비난을 두려워하는 집단 내 환경에서는 강력한 동조 현상이 나타날 수 있음을 시사한다. 다시 말하여, 이 실험은 사회적 압력이 개인의 판단에 미치는 영향을 이해하는 데 중요한 통찰을 제공한다.

사회에서 합의는 필수적이지만, 이 합의가 생산적이려면 각 개인이 자신의 경험과 통찰력을 독립적으로 기여해야 한다. 만약 합의가 지배적인 의견에 의해 좌우된다면, 사회적 과정은 오염되고 개인의 사고 능력은 약화된다. 이는 결국 개인이 생각하고 느끼는 존재로서의 힘을 잃게 만든다는 것을 의미한다.

역사적으로 이런 일은 종종 발생했다. 예를 들어, 중세 시대의 마녀 사냥에서는 대중의 공포와 편견이 개인의 생명을 위협했다. 많은 여성들이 사회적 압력에 의해 마녀로 지목되어 부당한 처벌을 받았고, 이는 집단의 합의가 어떻게 개인의 올바른 판단을 억압할 수 있는지를 잘 보여준다.

또한 나치 독일 시절의 많은 지식인들과 젊은이들이 명백히 비윤리적인 행동이나 정책에 대해 침묵하거나 동조했다. 이는 사회적 압력속에서 사람들이 무의식적으로 지배적인 의견에 따르려는 경향을 드러내며, 비판적 사고가 억압된 결과였다. 합리적이고 지적인 젊은이들이 단지 사회를 지배하는 의견에 동조하기 위해 "흰색을 검은색"이라 부르는 상황은 심각한 문제로 인식될 것이다. 이는 개인이 독립적으로 사고하고 자신의 목소리를 내는 것이 얼마나 중요한지를 다시금 일깨운다.

지금도 많은 직장에서 다수의 의견과 상반된 혁신적이고 가치 있는 아이디어들이 무시되거나 스스로 폐기되고 있을지도 모른다. 이러한 현상은 사회적 압력에서 비롯되며, 독창적 사고를 억누르는 결과를 초래한다. 그러나 급변하는 시대에 우리는 다수의 의견에 흔들리지 않고, 독립적으로 사고하며 스스로 판단하는 능력을 더욱 강화해야 할 필요가 있다.

버트런드 러셀은 "이상한 의견을 두려워하지 마십시오. 현재 받아들여지는 모든 의견은 한때 이상했습니다."라고 말했다. 이처럼 기존의 틀에 갇히지 않고 새로운 길을 개척하기 위해서는, 자신의 생각을 지키고 비판적으로 상황을 바라보는 힘이 필수이다.

협력의 최댓값
비로소 보이는 것들

공학자, 물리학자, 수학자의 차이를 설명하는 유명한 일화가 있다.

> 공학자, 물리학자, 수학자가 같이 여행하던 중, 멀리 언덕 위에 있는 한 무리의 흰 양들을 보게 되었다.
> 공학자는 양들을 보며 즉시 말했다. "저 언덕의 모든 양들은 흰색이군요!"
> 물리학자는 고개를 저으며 대답했다. "아니요, 우리가 확실히 아는 것은 저 언덕의 어떤 양들이 흰색이라는 사실뿐입니다. 모든 양이 흰색이라고 단정할 수는 없어요."
> 수학자는 잠시 생각하더니 덧붙였다. "정확히 말하자면, 우리가 아는 것은 언덕 위에 있는 어떤 양의 한쪽 면이 흰색이

라는 것뿐입니다."

이 일화는 각자의 배경과 전문성에 따라 상황을 다르게 해석할 수 있음을 보여준다. 따라서 문제를 해결할 때는 다양한 관점에서 접근하는 것이 중요하다.

공학자의 접근은 실용적이고 신속한 결정을 중시한다. 이는 완벽한 정보가 없더라도 실무적인 해결책을 빠르게 찾아야 하는 상황에서 매우 유용하다.

반면, 물리학자는 데이터를 기반으로 한 신중한 판단을 중시한다. 이는 리스크 관리와 전략적 의사결정에서 중요한 접근법으로, 충분한 데이터 분석을 통해 신뢰할 수 있는 결정을 내리려는 시도를 강조한다.

수학자는 정확성과 논리적 일관성을 가장 중요하게 여긴다. 이 접근법은 문제의 본질을 정확히 이해하고, 장기적인 전략을 수립할 때 필수적이며, 작은 디테일 하나도 놓치지 않으려는 노력이 중요할 때 특히 유효하다. 자신의 관점에서만 문제를 바라볼 때 코끼리 전체의 모습을 보지 못하고 각자가 본 코끼리의 일부분이 코끼리라고 주장하는 우를 범할 위험이 크다.

서로 다른 관점을 수용하고 협력하는 것이 문제 해결에 얼마나 중요한지를 잘 보여주는 사례가 아폴로 13호 임무이다. 1970년, 달 착륙을 목표로 발사된 아폴로 13호는 임무 시작 2일 만에 산소탱크 폭발로 위기에 처하게 된다. 그러나 우주 비행사들은 지구의 나사 본부에 있는 엔지니어들과 협력해 문제를 해결해 나갔다. 엔지니어들은 우주선 시스템에 대한 깊은 이해를 바탕으로 구체적인 수리 방법을 제시했고, 비행사들은 이를 실행하면서 복잡한 문제를 해결하여 결국 무사히 지구로 귀환할 수 있었다. 이 사례는 다양한 전문성이 결합된 협력이 위기를 극복하는 데 얼마나 중요한 역할을 하는지를 명확하게 보여준다.

이러한 접근은 기업 경영에서도 중요한 역할을 한다. 예를 들어, 구글은 2004년부터 직원들이 근무 시간의 20%를 자신의 창의적인 프로젝트에 사용할 수 있도록 하는 '20% 시간 정책'을 도입했다. 이 정책의 목적은 직원들이 자율적으로 혁신적인 아이디어를 탐색하는 기회를 제공하기 위함이었다.

구글의 이 정책은 직원들이 공식 업무 외에도 자신이 흥미를 느끼는 프로젝트를 진행하도록 장려했다. 이로 인해 다양한 관점과 전문성을 가진 직원들이 협력하여 자율적으로 문제를 해결하고 새로운 아이디어를 실현할 수 있었다. 결과적으로 지메일Gmail과 같은 혁신적인 제품들이 탄생했다.

이 정책은 다양한 관점과 아이디어를 존중하며 자유롭게 협력할 수 있는 환경이 기업의 혁신을 이끄는 데 얼마나 중요한지를 보여준다.

구글의 협력 접근 방식은 우리의 시각에 깊이를 더하고, 열린 마음으로 다른 사람들의 생각을 받아들이는 것이 얼마나 중요한지를 일깨워준다. 서로 다른 관점을 존중하고 받아들이다 보면, 예상하지 못했던 해답이 나올 때도 있다. 삶의 복잡한 문제를 해결하는 데 있어, 다양한 경험과 협력이 어우러질 때 비로소 보이는 것들이 있다. 세상을 조금 다르게, 더 넓게 바라보는 일도 그럴 때 가능해진다.

Q 묻고
답하기 A

세상에는 왜 '눈에 보이지 않는 것들'이 더 중요한 경우가 많을까? 그리고 수학은 그런 질문과 어떤 방식으로 연결될 수 있을까?

"정말 중요한 것은 눈에 보이지 않아."

『어린 왕자』속 이 말처럼, 우리 삶에서 가장 깊고 소중한 것들은 종종 눈에 보이지 않는 모습으로 존재한다. 사랑, 믿음, 기억, 감정, 시간처럼 우리는 형태 없이 흐르는 것들 속에서 살아간다. 그것들은 물리적으로 볼 수 없지만, 우리의 선택을 이끌고 삶의 방향을 결정지으며, 존재의 의미를 구성한다.

이처럼 '보이지 않는 것들'이 중요한 이유는, 그것들이 삶의 본질적인 기반을 이루고 있기 때문이다. 공기는 보이지 않지만 우리가 숨을 쉴 수 있도록 하며, 중력은 눈에 보이지 않지만 모든 사물의 움직임을 좌우한다. 이처럼 세상에는 직접 눈으로 볼 수 없지만, 깊은 작용으로 세계를 움직이는 법칙들이 존재한다.

바로 그 보이지 않는 원리와 구조를 탐구하는 언어가 수학이다. 수학은 공간의 보이지 않는 구조를 그려내고, 시간 속의 변화를 미세하게 포착하며, 관계와 패턴 속에 숨겨진 질서를 드러낸다. 기하학, 함수, 확률, 미분과 적분. 이 모두는 우리가 눈으로는 볼 수 없는 세계의 작동 원리를 이해하기 위한 도구이다.

예를 들어, 날씨 변화나 경제 흐름처럼 수많은 변수가 뒤엉킨 복잡한 현상들을 분석할 때, 수학은 그 안의 규칙성과 연관성을 밝혀내어 우리가 보지 못하는 것을 이해할 수 있도록 도와준다. 이 과정은 단지 수치나 기호의 나열이 아니라, 세상에 대한 우리의 깊은 통찰을 이루는 과정이다.

결국 수학은 숫자나 기호를 넘어서, '보이지 않는 것'을 이해하기 위한 인간의 지적 여정이다. 수학을 통해 우리는 눈에 보이지 않지만, 세상을 구성하는 힘과 질서를 마주하게 된다. 수학을 공부하는 여정은 별빛을 따라 어둠 속 길을 찾는 일처럼, 눈에 보이지 않지만, 분명히 존재하는 본질을 향하여 가는 길이다. 그 길 위에서 우리는, 본질을 직접 만날 수 없어도 그 속에서 뿜어져 나오는 아름다움을 발견하게 된다. 그 아름다움의 발견의 여정은 수학이 가진 또 다른 모습이자, 인간의 사유가 도달할 수 있는 가장 정제된 형태 중 하나이다.

그리고 그 길에서 우리는 비로소 깨닫게 된다. 가장 중요한 것은, 눈에 보이지 않는 곳에 있었다는 것을.

3부

자아의
성장을
이끄는

수학

수학은 삶의 질문에 응답하는 방식이 될 수 있다.

다각형 바퀴
고정관념이란

자전거 바퀴는 보통 매끄럽고 둥근 원 모양이다. 자전거가 잘 굴러가려면 원 모양의 바퀴가 가장 적합하다. 이 생각에 정면으로 맞선 두 사람이 있다. 1997년, 수학자 왜건 교수와 자전거 정비사 로렌 켈런이다. 두 사람은 정사각형 바퀴로도 부드럽게 주행하는 자전거를 세상에 선보였다. 단, 이 비범한 자전거는 평평한 일반 도로가 아닌 특별히 설계된 도로에서만 탈 수 있었다. 바로 독특한 곡선이 연이어져서 이루어진 도로이다.

이 독특한 도로 위를 달리는 정사각형 바퀴는 어떻게 매끄럽게 움직일 수 있을까?

정사각형 바퀴가 매끄럽게 굴러가기 위해 필요한 조건

은 간단하다. 바퀴의 모양과 도로의 휘어진 상태가 완벽히 조화를 이루어야 한다.

정사각형 바퀴와 곡선 도로가 맞물려 상호작용하는 원리는, 수학적으로 바퀴의 형상(정사각형)과 도로의 휘어짐 사이에 존재하는 정교한 조화에서 비롯된다. 이를 이해하기 위해 두 가지 핵심 요소를 살펴보겠다.

일반적인 둥근 바퀴는 평평한 도로 위에서 부드럽게 굴러간다. 이는 바퀴의 중심이 일정한 높이를 유지하기 때문이다.

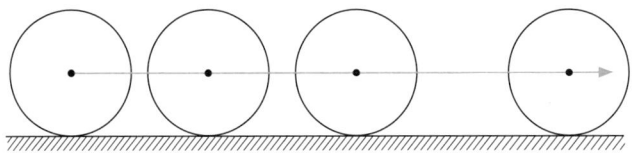

하지만 정사각형 바퀴를 평평한 도로에서 굴리면 중심의 높이가 위아래로 크게 흔들려 매끄러운 주행이 불가능하다.

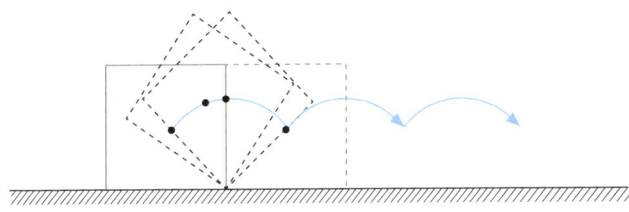

하지만, 위 그림에서 정사각형 바퀴의 중심 이동을 자세히 보면 뒤집어진 현수선의 아치 모양이 이어진 모양이라는 것을 볼 수 있다. 뒤집어진 현수선은 아래로 자유롭게 늘어진 줄이 만드는 일반 현수선을 위아래로 반전시킨 형태이다.

정사각형 바퀴의 각 변이 뒤집어진 현수선 아치와 정확히 맞닿는 도로를 설계하면, 바퀴의 중심이 일정한 높이를 유지하며 부드럽게 움직일 수 있다. 이는 도로가 정사각형 바퀴의 각 변이 회전할 때마다 필요한 높이를 맞춰 주기 때문이다. 이것은 바퀴의 형상과 도로의 곡률 사이에 숨겨진 정교한 수학적 조화 덕분이다. 그리고 이 원리는 단순히 사각형 바퀴에만 국한되지 않는다. 정오각형, 정육각형 등 모든 정다각형 바퀴도 각각의 곡률에 맞춘 뒤집어진 현수선 곡선 도로 위에서 매끄럽게 움직일 수 있다. 특히 정다각형의 바퀴의 변이 많아질수록 도로의 곡선은 점점 완만해지고 평평해진다. 궁극적으로 정다각형의 변이 무한히 많아질수록, 바퀴는 원형이 되고 도로는 평평한 직선이 되어, 원형 바퀴가 평평한 도로 위에서 굴러가게 된다. 이러한 과정은 극한의 개념을 이용해 평평한 도로에서 원형 바퀴가 가장 잘 굴러갈 수 있는 형태인지를 설명할 수 있다.

'다각형 바퀴에 필요한 도로가 있었을까? 이런 도로를 만들어봤자 어디에 쓸까?'라는 의문이 든다면, 고대 이집트로 돌아가 보자.

고대 유적지에서 출토된, 둥근 원을 조각 내어 만든 듯한 곡선형 나무 조각들이 이 질문에 대한 답이 될 수 있다. 이 나무 조각들은 당시의 무거운 대리석 블록을 쉽게 운반하기 위해 사용되었을 가능성이 있다. 나무 조각들을 이어놓은 모습은 뒤집어진 현수선 곡선과 유사한 형태로, 블록을 굴리는 데 탁월한 효율성을 제공했을 것이다.

오른쪽 사진은 현대의 기술과 고대의 지혜가 만나면, 우리의 상상은 실현 가능한 아이디어로 바뀔 수 있다는 것을 보여주는 사례이다.

런던의 리아 강 하류에 자리한 코디 부두에는 이 원리를 실현한 놀라운 다리가 있다. 코디 덕 롤링 브릿지^{Cody Dock Rolling Bridge}는 정사각형 바퀴 원리를 응용하여 세상에 단 하나뿐인 "굴러가는 다리"로 설계되었다. 이 다리는 정사각형 바퀴와 유사한 원리를 활용하여 혁신적인 움직임을 선보인다. 평소에는 보행자와 자전거 이용자를 위해 평평한 다리를 제공하지만, 필요할 경우 다리가 굴러 올라가며 아래로 보트가 지나갈 공간을 마련한다. 이 다리는 단순한 구조물을 넘어 과학과 예술의 조화로움이 담긴 움직이는 조각이라 할 수 있다.

영국 런던 코디 덕 롤링 브릿지 ⓒ 2023, 도미닉 알베스

이 코디 덕 롤링 브릿지는 '둥근 바퀴만이 답이다.'라는 바퀴와 도로의 고정관념을 넘어 우리는 상상조차 못했던 가능성을 발견하고 실현한 다리이다. 도전의 가치를 생각하게 하는 다리라는 의미에서 우리에게 시사하는 바가 많다.

또한 이 다리는 고대 이집트인의 피라미드 건축 과정에서 활용된 수학적 원리와 현대 과학의 융합을 통해 탄생한 결과물로, 이는 새로운 것을 창조하는 데 있어 축적된 기본 지식의 중요성을 일깨워준다.

정사각형 바퀴가 특별한 도로 위에서 매끄럽게 달리듯이, 우리도 각자의 독특한 모양에 맞는 길이 있지 않을까? 이 세상에는 수많은 길이 있다. 상상의 바퀴를 굴려 보자. 그것이 자기 자신을 잘 굴러가게 하는 길을 만나는 당신의 첫걸음이 될 것이다.

닮음
나는 본다. 그러므로 나는 존재한다

우리가 무엇을 어떻게 생각하고 보는지에 따라 그림의 주제와 그리기 방식이 달라진다. 중세 시대의 성화는 신의 이야기를 중심으로 그려졌으며, 이 시기의 화가는 신의 뜻을 따르는 데 중점을 두었다. 그림의 주체는 신이었고, 인간은 신이 설정한 상황을 그대로 그려내며 개인적인 주장을 드

라파엘로 산치오
〈시스티나 성모〉

러내지 않았다.

그러나 르네상스 시대에는 그림의 주체, 대상이 신뿐만 아니라 인간으로 확장되었고, 소실점을 활용하여 공간을 더 정확히 묘사하게 되었다.

소실점이 그림에 미친 영향은 수학적 관점에서 더욱 흥미롭다. 소실점이 있는 그림에서는 멀리 있는 물체가 실제보다 작아 보이는 효과가 나타나지만, 그 형태는 그대로 유지된다. 따라서 같은 물체를 서로 다른 거리에서 보면 닮음 관계를 이룬다고 볼 수 있다. 소실점은 수학에서 '닮음'의 개념과 연결되며, 이를 통해 거리와 크기, 비례가 어떻게 변하는지 이해할 수 있다. 예를 들어, 길을 걸으면서 가로등 불빛 너머로 자신의 그림자를 보면 실제 크기와 다르지만, 그 형태는 닮았다는 것을 알 수 있다.

마찬가지로 TV나 휴대폰 카메라로 보는 사람의 모습은 실제 크기보다 작지만 닮은 형태로 나타난다. 수학의 '닮음' 개념은 우리 일상에서 널리 사용되고, 삼각형과 같은 도형에서도 중요한 역할을 한다. 두 개의 닮은 삼각형을 예로 들어보면, 대응하는 각의 크기는 같고, 대응하는 변의 길이는 일정한 비율로 늘어난다.

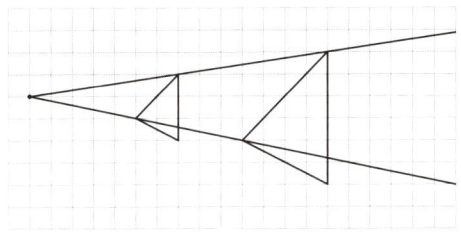

우리는 이처럼 '닮음'의 원리를 통해 현실 세계에서 나타나는 크기와 비례의 관계를 이해할 수 있다.

그림에서도 '닮음'의 원리를 찾아볼 수 있다. 원근법은 멀리 있는 사물을 작게 그려 결국 한 점으로 모이게 하는데, 이 점을 미술에서는 '소실점'이라고 한다. 우리는 이 '소실점'을 보며 사물이 실제로 멀리 있는 것처럼 느끼게 된다. 15세기 초, 브루넬레스키는 물체들이 거리에 따라 소실점으로 수렴하는 원리를 발견했고, 이는 3차원적인 부피감을 나타내는 기초 기법인 평행선 원근법으로 발전했다.

소실점은 단순한 기법을 넘어 인간 사고의 변화를 보여준다. 소실점이 존재한다는 것은 그림을 보는 관찰자가 있다는 의미이다. 이는 인간이 나와 사물을 분리하여 객관적으로 바라보려는 의지를 반영한 것이다. 이 점에서 서양 근대문화의 핵심 사고방식인 객관주의(objectivism)가 시작되었고, 인간은 신의 관점에서 벗어나 인간 중심의 시각을 가질 수 있게 되었다. 이는 인간이 독립된 주체로서 세상을 바라보는 기초가 되었다.

데카르트의 "나는 생각한다, 그러므로 나는 존재한다. Cogito, ergo sum."라는 말처럼, 우리는 "나는 본다, 그러므로 나는 존재한다. Video, ergo sum."라고 말할 수 있다.

우리가 무엇을 어떻게 보고 생각하며 어떤 방식으로 표현하는지에 따라 우리 존재가 드러난다. 개개인의 고유한 관점이 그렇게 형성된다. 내가 무엇을 어떻게 볼 것인가 하

라파엘로 산치오 〈아테네 학당〉

는 질문을 스스로 해 보자. 여러분의 안목이 더 넓어지고 더 깊어질 것이다. 여러분이 바라보는 그 관점 속에, 바로 여러분의 존재가 깃들어 있다.

수적 조화
사유와 통찰

로마의 철학자 키케로가 아르키메데스의 묘를 발견했다고 전해진다. 키케로는 어떻게 아르키메데스의 묘를 알아볼 수 있었을까? 아르키메데스는 구와 원기둥과 원뿔이 하나로 새겨진 그림을 그의 묘비에 새겨 놓았다고 했고 키케로는 이 유언에 대해 알고 있었다. 그는 시칠리아섬의 시라쿠사에서 그 그림이 있는 묘비를 보고 그것이 아르키메데스의 묘인 것을 확신했다고 한다. 아르키메데스가 묘비에 수학에 관한 것을 새겨 놓은 것을 보면 그가 얼마나 수학을 사랑했는지 짐작할 수 있을 것 같다.

이제 묘비의 그림 이야기를 수학으로 살펴보자.

밑면의 반지름의 길이가 r이고, 높이가 2r인 원뿔, 반지름의 길이가 r인 구, 반지름의 길이가 r이고 높이가 2r인 원기둥이 있다고 하자. 아르키메데스는 이 세 도형의 무게 중심에 대한 지레의 원리를 이용해

원뿔의 부피 + 구의 부피 = 원기둥의 부피

임을 증명했다.

예전에 배운 기억을 떠올려 확인하여 보자.

원뿔의 부피는 $\frac{1}{3} \times$ 밑넓이 $\times$ 높이이다. 밑넓이는 πr^2이고, 높이는 $2r$이므로

$= \frac{1}{3} \times \pi r^2 \times 2r = \frac{2}{3} \pi r^3$이다. 구의 부피는 $\frac{4}{3} \pi r^3$이고,

원기둥의 부피는 밑넓이 $\times$ 높이인데 밑넓이는 πr^2이고, 높이는 $2r$이므로 $2\pi r^3$이다.

이를 통해

원뿔의 부피 : 구의 부피 : 원기둥의 부피 $= \frac{2}{3}\pi r^3 : \frac{4}{3}\pi r^3 : 2\pi r^3$

즉

원뿔의 부피:구의 부피:원기둥의 부피 =1 : 2 : 3

이다.

아르키메데스는 원뿔, 구, 원기둥의 부피가 1:2:3의 정수 비율로 이어진다는 사실을 발견하고, 이를 특별한 조화로 여겼다. 이러한 수적 조화에 대한 통찰은 음악에서도 나타난다. 고대 그리스인들은 현악기 줄의 길이 비율이 음악적 화음과 깊이 연결되어 있음을 깨닫고, 화음을 단순한 소리의 조합이 아니라 수적 비례로 이루어진 조화의 원리로 이해했다.

수적 질서에 대한 탐구는 음악을 넘어 우주의 근본 원리 탐구로 확장되었다. 그리스인들은 우주가 질서를 이루는 이유를, 각 행성들이 정교한 수적 비례 속에 놓여 있기 때문이라고 생각했다. 예술과 건축 분야에서도 수적 비례를 적용하였다. 내재적으로 아름다움을 추구하는 본성을 가진 인류는 건축물, 조각상, 나아가 인간의 신체에서도 수적 비례를 적용한 조화와 균형을 통해 아름다움을 구현하고자 했다. 이러한 인간의 욕구는 수학적 사유를 더욱 깊이 있게 만들었고, 수학과 예술의 경계를 넘나드는 위대한 성취의 토대가 되었다.

아르키메데스에 관해 전해지는 전설 같은 이야기가 있다. 기원전 212년 전쟁 중에도 그는 모래 위에 도형을 그리며 연구에 몰두하다가 시라쿠사를 점령한 로마군이 다가오는 것을 알아차리지 못해 목숨을 잃었다는 이야기다. 아마도 이 전설은 그만큼 그가 수학의 심오함에 깊이 빠져 있었음을 말해주는 것이라 생각한다.

철학자 화이트헤드는 이 이야기를 유럽 세계관의 변화에 대한 상징적 사건으로 보았다. 그리스의 순수한 이론적 아름다움 자체를 중시하는 관점에서, 실용적이고 현실적인 것을 중요시하는 관점으로의 전환이 이루어진 것으로 보았다. 더불어 아르키메데스에 관한 전설에 대해 "수학 도형에 몰입하다가 목숨을 잃은 로마인은 한 사람도 없었다."라고 말했는데 이는 로마적 사고방식이 유럽 사회를 기능적으로 발전시키는 데는 큰 영향을 미쳤으나, 새로운 관점이나 이론의 발전을 이루는 데는 기여하지 못했다고 본 것이다.

자연, 음악, 미술, 건축물의 결과물을 보면서 우리는 감동한다. 그런데 그 속에 숨은 원리를 발견했을 때에는 더 큰 감격이 있다. 흔히 사람들은 겉으로 보여지는 외모의 아름다움에 도취되기도 한다. 그렇지만 외적인 아름다움에 대한 도취는 유효 시간이 그리 길지 않은 경우가 많다. 반면 내면의 조화로운 아름다움은 은은하게 사람을 감동시키고 변화시키는 영향력이 있다. 우리가 진정으로 마주해야 할 내면의 조화로운 아름다움은 어떤 것들이 있으며 어떻게 만들어 갈 수 있을까?

우리가 눈앞의 결과나 이익에 몰두할 때, 진정한 가치는 종종 눈에 보이지 않고 간과된다. 이러한 가치는 깊은 탐구와 몰입을 통해 비로소 드러나며, 우리의 일상을 넘어 영혼을 풍요롭게 하고, 삶을 고귀하게 만든다. 이러한 가치는 그냥 얼핏 보아서는 느끼기 어려운, 찾아야만 발견할 수 있는 가치이다. 이러한 가치를 추구하는 과정에서 우리는 진리와 조화를 발견할 뿐만 아니라, 그 속에 담긴 창조주의 깊은 뜻까지도 엿볼 수 있을지도 모른다.

우리 삶의 여정은 바로 찾아야만 볼 수 있는 경이로운 가치를 향한 여정이 아닐까?

직선, 평면, 공간
다른 방식을 찾아서

아래 그림을 보자. 닫힌 곡선 안에 점 A가 있다. 이때 누군가가 묻는다. "점 A에서 출발해 주어진 곡선을 지나지 않고 점 B로 가는 연속된 경로가 있을까?" 이 질문을 들은 사람은 곰곰이 생각해 본 후, 이는 불가능하다고 결론 내린다. 그런데, 정말로 불가능할까?

이 질문을 마주했을 때, 답이 직관적으로 떠오르지 않을 수 있다. 더 깊은 사고가 필요한 문제이기 때문이다.

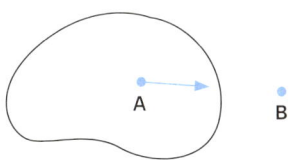

비슷한 맥락에서 베르나르 베르베르의 소설 『개미』에서는 에드몽이 어린 시절 어머니에게 "성냥개비 6개로 정삼각형 4개를 만들어 봐요."라고 문제를 제시한다.

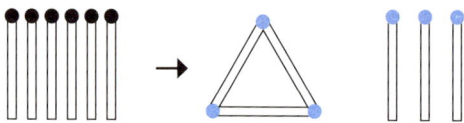

어머니는 문제를 풀 수 없었지만, 에드몽은 답을 알려주지 않고 "다른 방법을 생각해야 해요. 사람들이 보통 생각하는 방식으로는 도저히 답을 찾을 수 없어요."라고 말한다.

성냥개비 6개로 4개의 삼각형을 만들 수 있을까?

이 문제를 주어지는 것, 단지 눈에 보이는 것 안에서 문제를 해결하려 든다면 문제의 실마리를 찾을 수 없다.

그럴 때 우리는 어떻게 할까? 이제껏 풀어왔던 방식이 아닌 다른 방식을 찾아야 한다. 다른 방식을 찾아 떠나보자.

수학에서 직선은 1차원, 평면은 2차원, 공간은 3차원이라 부른다. 기존의 평면 안에서 위의 문제를 해결하려 한다면 당연히 해결책이 없다. 하지만 이 곡선이 평면이 아닌 공간, 3차원의 세계에 있다고 생각을 전환하면 어떨까?

공간은 평면보다 위, 아래 방향성이 더 있으니 뛰어넘는 방법, 건너뛰는 방법 등 가능하다는 이야기가 자연스럽게 나올 수 있다.

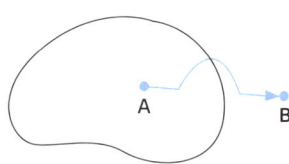

성냥개비의 경우는 어떨까?

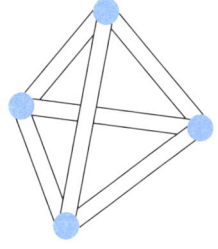

이 그림처럼 다른 시각으로, 다른 차원에서 바라보면 의외로 문제가 쉽게 해결된다.

문제를 풀 때 우리는 종종 고정된 방식에 갇히기 쉽다. 하지만 눈에 보이지 않는 해결책을 찾기 위해서는 기존 방식에서 벗어나 새로운 접근 방식을 시도하는 용기가 필요하다.

실제로 수학의 역사에서 위대한 업적들 중에는 기존의 경험이나 통념의 사슬을 끊음으로써 이루어진 것들이 많다. 그중 하나가 제2의 코페르니쿠스 혁명이라 불리며, 후에 아인슈타인의 상대성 이론으로 이어지는 비유클리드 기하학의 발견이다. 비유클리드 기하학이 등장하기 전, 우리는 유클리드 기하학에 갇힌 세계에 살고 있었다. '주어진 직선 밖 한 점을 지나는 평행선은 하나만 존재한다.'라는 평행공리가 그 예다. 즉, 직선 l 밖의 한 점 p를 지나는 평행선은 하나뿐이라는 것이다.

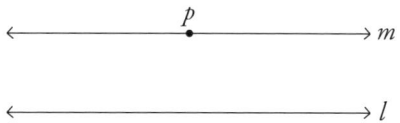

사체리Saccheri와 같은 뛰어난 수학자들은 비유클리드 기하학의 발견을 예견하는 결과들을 도출했지만, 당시의 통념을

넘지 못했다. 그러나 가우스^{Gauss}, 보야이^{Bolyai}, 로바체프스키 ^{Lobachevsky}와 같은 위대한 수학자들은 이 공리를 깨고, 유클리드 기하학을 벗어난 새로운 기하학을 열었다. 이제 직선이 평면이 아닌 곡면 위를 따라간다고 생각해 보자. 이때, 표면의 굴곡 때문에 직선이 휘어지며, 직선의 개념 자체가 변하게 된다.

이런 경우, 직선 밖의 한 점을 지나는 직선의 평행선은 곡선의 굴곡에 따라 여러 개가 생길 수 있다. 그로 인해 새로운 기하학이 탄생하게 되었다. 아인슈타인의 상대성 이론에 따르면, 태양처럼 큰 질량을 가진 물체는 주위 공간을 휘게 만들고, 그 휘어진 공간을 따라 지나가는 빛의 경로도 휘어지게 된다. 여기서 빛의 경로가 직선이라면, 상대성 이론은 바로 비유클리드 기하학을 바탕으로 설명된다.

유클리드 기하학에 갇혀 설명되지 않았던 것들이 새로운 비유클리드의 관점에서 보게 되어 설명되고, 수학이 한 단계 더 발전되는 결과를 낳았던 것이다.

남아프리카 공화국의 넬슨 만델라는 인종 차별 정책에 반대하며 27년간 감옥에 수감되었다. 오랫동안 투쟁을 하였지만, 그는 복수라는 감정의 굴레에 갇히지 않고, 감정을 뛰어넘어 화해와 용서의 새로운 시각을 받아들였다. 그가 갖고 있었던 사고의 유연성 때문에 가능했으리라 생각한다. 그 결과 인종 차별 정책은 공식적으로 종식되었고, 그는 남아프리카 공화국의 첫 흑인 대통령으로 역사에 남았다.

우리 주변에서 일어나는 일을 살펴보자. 부부간의 갈등은 종종 의사소통 부족과 서로 다른 시각에서 비롯된다. 각 사람이 자신만의 입장을 고집할 때, 둘 사이의 갈등은 점점 더 깊어질 수밖에 없다. 나의 입장을 잠시 내려놓고 상대방의 처지에서 생각하다 보면 상대방의 입장이 이해되고 내가 못 보는 부분을 봄으로써 문제의 실마리를 찾을 수 있다. 그렇게 될 때 갈등은 갈등으로 끝나지 않고 오히려 내가 확장되는 기회가 되고 관계는 발전지향적으로 한층 더 깊어질 수 있다.

이것은 관계뿐 아니라 자기 자신 안에서도 적용된다. 내가 한 경험의 한계에 갇혀 사고의 틀을 벗어나지 못하고 그 틀 안에서만 문제를 해결하려 할 때, 문제는 해결되지 않고 오히려 더 커지기만 한다. 하지만 다른 시각에서 문제를 바라보고, 나의 시각을 넘어서 타인의 시각을 받아들이는 순간, 해결의 실마리가 보이기 시작한다. 학교 다닐 때 수학 문제를 풀 때가 생각난다. 내가 생각한 틀에서 문제를 머리를 싸매고 풀어도 안 풀렸던 문제가 관점을 전환했더니 문제가 깨끗하게 풀렸던, 그리고 그때의 그 희열을 잊을 수가 없다. 문제는 때로 우리를 업그레이드하는 기회이다.

자와 컴퍼스
참된 인정

로마 바티칸궁전에는 라파엘로의 걸작 〈아테네 학당〉이 자리하고 있다. 이 웅장한 작품 속에서 유클리드는 무엇을 하고 있을까? 그는 컴퍼스를 손에 쥔 채 도형을 그리고 있다. 수학적 원리를 탐구하는 그의 모습은 마치 진리를 그려내는 장인과도 같다. 그런데 라파엘로는 왜 유클리드를 작도하는 모습으로 묘사했을까? 여러분도 작도를 해 본 기억이 있을 것이다. 그 당시 작도에 대해 어떤 생각을 했는가?

작도는 단순한 도형 그리기에 그치지 않고, 인간의 사유와 역사 속에서 심오한 의미를 담고 있다. 우리 마음속에는 완벽한 원의 이미지가 자리 잡고 있지만, 현실에서는 완벽한 원이나 직선을 볼 수도, 만들 수도 없다. 우리는 단지 원

에 가까운 형상을 그리고 그것을 원이라 부를 뿐이다. 원의 정의를 떠올려 보자. 원이란 평면 위의 한 점에서 일정한 거리에 있는 점들의 집합이다.

고대 그리스의 철학자 플라톤은 이렇게 질문했다. "우리는 완벽한 원이나 직선을 본 적이 없는데, 왜 그런 개념을 가지고 있을까?" 그는 이 질문에 대해, 현실 너머에 완벽하고 변치 않는 이데아 세계가 존재한다고 보았다. 이데아 세계는 완벽한 원과 직선 같은 도형이 실제로 존재하는 곳이라고 믿었다. 따라서 자와 컴퍼스를 사용해 원과 직선을 그리는 것은, 이데아 세계에 존재하는 완벽한 도형을 현실에서 구현하는 행위로 여겨졌다. 얼마나 깊은 통찰인가?

우리는 정의를 통해 어떤 개념을 설명하면 그것이 존재한다고 여기는 경향이 있다. 하지만 그리스인들은 달랐다. 그들은 정의만으로 충분하다고 믿지 않았다. '세 변의 길이가 같은 삼각형은 정삼각형'이라는 정의를 보고 보통 사람들은 '그렇구나.' 하고 받아들이지만, 고대 그리스인들은 좀 달랐다. 정의에서 사용된 표현이 뜻한 그대로 존재한다는 것을 어떻게 알 수 있는가에 집중했다.

예를 들어 사각의 원을 사각형 모양의 원이라 정의할 수 있다. 그러나 이것이 존재하지 않는다면 이 정의가 무슨 의미가 있겠는가?

만약 정삼각형이 있다면 그 의미뿐 아니라 실제로 존재하는가에 대해서도 알아봐야 했던 것이다. 그렇다면 그리스 사람들은 도형이 실제로 존재하는지를 무엇을 통해 증명했을까? 바로 '작도'이다.

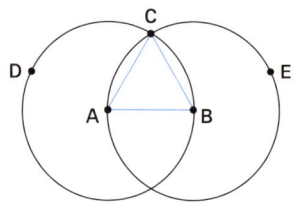

정삼각형의 정의는 변의 길이와 내각의 크기가 모두 같은 삼각형이다. 정삼각형을 그리려면 우선 컴퍼스로 한 점 A를 찍고 원을 그려준다. 또 B를 중점으로 AB를 반지름으로 하는 원을 그린다. 두 원이 만나는 점을 C라 하고 C로부터 점 A와 점 B에 각각 선 CA, CB를 그린다. 그러면 세 선분 CA, AB, BC가 원의 반지름으로 모두 같게 되어 삼각형 ABC는 정삼각형이고, 원하는 작도가 끝이 난다.

이와 같이 작도를 통해 정삼각형이 단순한 정의에 머무르지 않고 실제로 구현될 수 있음을 확인하였다. 즉, 정삼각형이 단순한 언어적 개념을 넘어 실재하는 참된 도형임을 인정하게 된 것이다. 이는 이데아 세계에서도 그 존재를 확신할 수 있음을 보여주는 깊은 철학적 의미를 내포하고 있다. 이러한 이유로, 그리스 시대에는 작도의 문제가 대단히 중요하게 여겨졌다. 그들은 사물의 본질을 깊이 탐구하며, 수학을 단순한 계산이 아닌 아름다움과 진리를 추구하는 길로 여겼다. 정밀한 작도를 통해 얻어진 완벽한 도형들은 현실 너머, 보다 순수한 이데아의 세계에 속한다고 믿었다. 수학은 단순한 논리와 규칙이 아니라, 진리를 발견하고 아름다움을 깨닫는 과정이었던 것이다.

이처럼 수학 속에서 아름다움을 찾으려는 태도는 인간 본성의 중요한 한 단면을 보여준다. 인간은 내면 깊숙이 완전함과 조화를 향한 동경을 품고 있으며, 그것을 바라보고 추구할 때 비로소 자신의 고귀한 본질을 드러낸다. 그러니 스스로를 폄하하지 말자. 수학이 우리에게 가르쳐주는 것은, 인간이 본질적으로 고귀한 존재이며, 누구나 아름다움을 품고 있다는 사실이다. 이 진리를 기억하며, 자신을 긍정하고 더 나은 내일을 향해 나아가길 바란다.

델로스 문제
불가능함의 아이러니

우리는 길이는 '재다'라고 표현하고 수는 '세다'라고 표현한다. 그렇다면 재는 것과 세는 것의 차이는 무엇일까? 무언가를 셀 수 있게 해주는 것은 무엇일까? 우리는 센다는 것을 너무도 당연하게 생각하지만, 거기에는 많은 의미가 담겨 있다. 셀 수 있다는 것은 다음에 오는 수가 있다는 것이다. 다음 수를 생각할 수 없다면 셀 수가 없다.

예를 들어, 도서관에서 책을 대출하는 사람들을 생각해 보자.

하나, 둘, 셋…. 사람들이 책을 빌리는 모습을 세면 총 몇 명이 대출했는지 알 수 있다. 또한 첫 번째, 두 번째, 세 번째, 네 번째……와 같이 순서를 매기면 각각의 대출 순서를 알 수 있다. 이렇게 셀 수 있다는 것은 단순히 전체 개수를 알 수 있을 뿐만 아니라, 순서도 파악할 수 있음을 의미한다.

1 다음 2, 2 다음 3, 3 다음 4, … 이런 1, 2, 3, 4, …와 같은 수를 우리는 자연수라고 부른다. 수를 셀 때 자연수를 이용하는 이유는 항상 다음 수가 있기 때문이다.

그렇다면 모든 수에서 다음에 오는 수를 알 수 있을까? 그렇지는 않다.

예를 들어, 피자를 $\frac{1}{3}$조각 먹었을 때를 생각해 보자. "이제 다음 조각을 먹어봐."라고 한다면 얼마나 더 먹어야 하는지 알 수 있을까? $\frac{1}{3}$ 다음이 $\frac{1}{2}$일까, 아니면 $\frac{2}{3}$일까? 알 수 없다. 그 이유는 $\frac{1}{3}$의 '다음 수'라는 개념이 명확하지 않기 때문이다.

이번에는 잰다는 것을 생각해 보자. 재는 것에는 다음 수라는 개념이 포함되어 있지 않다. 단위 길이 1이 주어졌을 때 $\frac{1}{3}$도, $\frac{1}{2}$도 잴 수 있다.

재는 것, 즉 측정은 어떤 대상에 대해 숫자를 할당하는 것으로 인위적인 것이다. 이때, 그 숫자는 꼭 자연수일 필요는 없고, 분수이거나 무리수일 수도 있다. 숫자를 할당하는 목적은 측정된 대상에 의미를 부여하는 것이다. 즉 길이나 무게에 대해 단위 1을 기준으로 정하면, 대상이 길거나 짧거나, 가볍거나 무거운지를 판단하고 비교할 수 있게 된다.

세는 것에 비하여 재는 것은 수치 측정이 필요한 상황에서 발생하는 불확실성 계산이다. 다시 말해, 세는 것은 다음 수라는 개념이 포함되어 자연수와 관련되어 있어 직관적이고 확실하지만, 재는 것은 자연수를 넘어 무리수를 포함한 실수까지 관련된 인위적이고 체계적이고 논리적인 개념이다.

고대 그리스에서 어떤 특정한 수를 잴 수 있느냐에 대한 유명한 문제가 있었다.

그리스의 델로스라는 섬에서 괴질이 발생해, 아폴론 신전에서 신탁을 받았다. 이에 신이 괴질을 제거하기 위한 조건으로 정육면체인 아폴로 제단의 크기를 두 배로 키워야 한다는 답을 내렸다. 정육면체를 두 배로 만드는 이 문제는 델로스 문제$^{\text{Delian problem}}$로 불린다.

모서리의 길이가 1인 정육면체의 부피가 1이므로, 단위 정육면체를 두 배로 만들려면 $x^3=2$인 모서리 길이가 x인 선분을 구해야 한다.

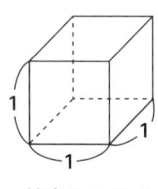
부피: 1x1x1=1

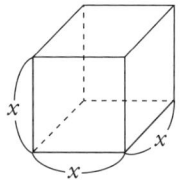
부피: $x \times x \times x = 2$

수학에서 x를 n제곱하여 a가 될 때, 즉 $x^n = a$일 때 x를 a의 n제곱근이라고 한다. 그리고 a의 n제곱근을 $\sqrt[n]{a}$ 또는 $a^{\frac{1}{n}}$로 쓴다.

그래서 $x^3 = 2$일 때, $x = \sqrt[3]{2}$ (혹은 $2^{\frac{1}{3}}$) 즉 2의 3제곱근이다.

델로스 문제는 $\sqrt[3]{2}$을 정확하게 잴 수 있느냐에 대한 문제이다. 이 당시 정확한 측정은 눈금 없는 자와 컴퍼스만을 사용한 작도를 통해 이뤄져서, 이 문제는 1이라는 길이가 주어졌을 때 $\sqrt[3]{2}$의 작도 가능성에 관한 문제로 전환되었다. 이 문제는 오랫동안 3대 불가능성 작도 문제로 알려지다가, 이천 년 이상이 흐른 19세기에 들어와서 천재적인 수학자인 갈루아Galois의 이론을 기반으로 다음과 같은 사실로 증명되었다.

유리수 a의 n제곱근, $\sqrt[n]{a}$에 대하여, n이 2,4,8,16 등과 같이 2의 거듭제곱 형태가 아니면, $\sqrt[n]{a}$는 작도할 수 없다.

델로스 문제의 경우, $\sqrt[3]{2}$에서 3은 2의 거듭제곱이 아니므로, 위의 증명에 따라 $\sqrt[3]{2}$의 길이는 작도 불가능하다. 즉 신탁의 시행은 작도를 통해서는 불가능한 것이었다. 그럼에도 이 신탁이 내려진 것에 대한 해석을 플라톤은 "신이 실제로 두 배 크기의 제단을 원했던 것이 아니라, 기하학을 경시하는 그리스인들의 태도를 비판하려는 것이니 앞으로는 기하학과 수학 공부에 진지하게 전념하라."라는 조언을 하였다고 한다.

그러면 왜 작도 불가능한 문제를 주었을까? 수학을 공부하다 보면 불가능한 개념이나 한계가 존재한다는 것을 인식하게 된다.

불가능하다는 것을 알게 되었을 때 보통 사람들의 태도는 두 가지로 나뉜다. 하나는 포기이고, 다른 하나는 정말 불가능하다고? 라는 태도를 보인다. 불가능하다는 것에 의문을 던지는 시점에서 탐구심이 폭발하고, 그것이 연결되어 창의적으로 문제를 새롭게 바라보기 시작한다.

불가능하다고 여겨질수록 더 큰 도전의식을 이끌고, 불가능하기 때문에 더 해결하고 싶은 간절함이 생긴다. 톨스토이는 우리의 능동적 삶의 의미는 우리에게 결코 피하기가 불가능한 죽음이 주어졌기 때문이라고 했다. 만약 인간이 영원히 삶을 살 수 있다면 어떤 목표가 있더라도 무한시간 투자 가능한 속성 때문에 목표를 이루는 것이 오히려 가능하지 않을 수도 있다. 삶을 영원히 사는 것이 불가능하므로 목표가 생겼을 때 간절함이 생기고, 그것을 가치 있게 만들기 위해 노력하고, 의미를 부여하게 되고 삶을 소중히 여기게 된다. 이것이 불가능함의 아이러니다.

보편적 규칙
동질성을 가진 존재여

인류학자들은 각 문화에서 친족 관계가 어떻게 형성되는지, 그 안에 어떤 제도적 규칙이 존재하는지를 탐구해 왔다. 이 연구에 혁명적인 전환점을 가져온 인물이 바로 프랑스의 위대한 인류학자 클로드 레비-스트로스^{Claude Lévi-Strauss}이다.

레비-스트로스는 친족 제도가 단순한 사회적 관습이 아니라, 인간 사고의 보편적 구조에 뿌리를 둔다고 보았다. 그는 겉으로 드러나는 가족 관계를 넘어, 이를 형성하는 심층 구조를 밝혀내고자 했다. 가족 체계를 지배하는 무의식적인 규칙이 있으며, 이는 개별 문화에 따라 변하는 것이 아니라, 인류 전체에 공통된 보편적 원리라는 것이 그의 핵심 주장이었다.

그렇다면 인간의 마음 깊숙이 자리한 보편적 규칙이란 무엇일까?

레비-스트로스는 그것이 '근친상간 금지'라고 보았다. 세계 어느 사회를 조사하더라도, 가족과 친족 관계를 형성하는 가장 기본적인 원칙은 근친상간을 피하는 것이었다. 그는 이 규칙이 단순한 도덕적 금기가 아니라, 결혼과 사회 조직의 출발점이며, 인류가 집단을 이루는 과정에서 집단 간 혼인을 가능하게 하는 핵심적인 원리라고 분석했다. 그러나 그는 한 가지 난제에 부딪혔다. 근친상간 금지라는 규칙이 실제로 어떻게 구조적으로 작동하는가? 이를 명확히 설명하기 위해서는 보다 정밀한 도구가 필요했다. 그는 1949년 수학자 앙드레 베유André Weil를 만나면서 수학적 구조의 개념을 도입하게 된다. 이를 통해 그는 친족 관계의 복잡한 연결망을 해석할 수 있는 틀을 마련했고, 마침내 그의 연구는 구조주의Structuralism라는 거대한 흐름을 탄생시키는 계기가 되었다.

구조주의는 인간의 행동과 사회 현상을 개별적인 사건이 아니라, 그것들이 속한 더 큰 구조 안에서 이해해야 한다는 접근 방식이다. 특히 인류학에서 구조주의는 문화 현상의 표면을 넘어, 그 아래에 숨겨진 보편적 패턴을 탐구하는 강력한 도구가 되었다.

레비-스트로스는 이를 통해 문화란 단순히 다양한 형태로 나타나는 것이 아니라, 그 이면에는 인간 정신의 깊은 구조가 반영되어 있다는 점을 밝혀냈다.

레비-스트로스의 연구는 단순한 친족 관계를 분석하는 데 그치지 않았다. 그는 인간 사고의 깊은 구조를 탐구하는 여정을 시작했으며, 이를 통해 우리 사회를 떠받치는 보이지 않는 질서를 포착하려 했다.

결국, 그의 연구는 인간 본성에 대한 새로운 이해의 길을 열었고, 문화적 다양성 속에서 공통된 원리를 발견하는 통찰력을 제공했다.

예를 들어 '근친상간 금지규칙'에 따라, 집단 1의 친족은 집단 3의 구성원과 결혼해야 하고, 집단 2의 친족은 집단 1의 구성원과 결혼해야 하며, 집단 3의 친족은 다시 집단 2의 구성원과 결혼해야 한다고 가정해 보자.

이제,

집단 1 → 집단 3

집단 2 → 집단 1

집단 3 → 집단 2

이러한 관계를 수학적 구조로 표현해 보자.
수학에서는 이러한 변환을 치환^{permutation}이라 하고 다음과 같이 나타낸다.

$$\begin{pmatrix} 1 & 2 & 3 \\ 3 & 1 & 2 \end{pmatrix}$$

이 규칙이 두 세대에 걸쳐 반복된다면, 우리는 치환의 합성 $^{composition\ of\ permutations}$을 고려할 수 있으며, 이를 통해 흥미로운 결과를 도출할 수 있다.

$$\begin{pmatrix} 1 & 2 & 3 \\ 3 & 1 & 2 \end{pmatrix} \circ \begin{pmatrix} 1 & 2 & 3 \\ 3 & 1 & 2 \end{pmatrix} = \begin{pmatrix} 1 & 2 & 3 \\ 2 & 3 & 1 \end{pmatrix}$$

즉 집단 1의 친족 딸이 집단 3의 남성과 결혼하여 태어난 딸은 집단 2의 구성원과 결혼해야 하고,

집단 2의 친족 딸이 집단 1의 남성과 결혼하여 태어난

딸은 집단 3의 구성원과 결혼해야 하며,

집단 3의 친족 딸이 집단 2의 남성과 결혼하여 태어난 딸은 집단 1의 구성원과 결혼해야 한다는 결과를 얻을 수 있다.

이 규칙의 구조는 정삼각형의 각 꼭짓점에 번호 1, 2, 3을 부여하고, 이를 회전시킬 때 1, 2, 3의 순서가 변경되는 현상과 매우 유사하다. 이 현상은 수학적으로 회전변환rotation transformation이라고 불리며, 물리적으로는 강체운동rigid body motion 이라고 한다.

이 강체운동을 3번 수행하면, 정삼각형을 회전시킨 결과가 원래 위치로 돌아오는 현상이 나타난다. 즉, 이 규칙이 3세대에 걸쳐 반복되면, 모든 유형의 딸들은 처음 시작한 지점, 즉 증조부가 살았던 곳으로 돌아오게 되는 것이다.

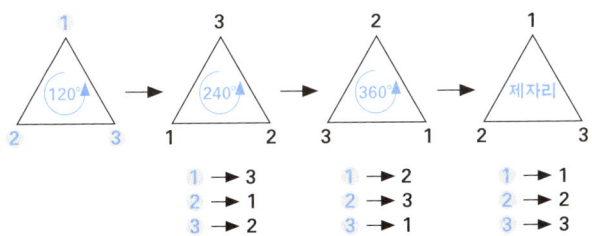

가족과 친족 형성의 문제를 수학적으로 접근하는 것의 장점은, 결혼이라는 사회적 관계의 성격을 배제하고, 오직 결혼 관계 자체에 집중함으로써 관련 없는 부분을 제거하여 명확하고 간결한 구조를 도출할 수 있다는 점이다. 수학을 사용하면, 복잡한 생각을 피하고, 추론을 더 간편하고 일목요연하게 할 수 있어, 관계에 대한 깊은 이해를 얻을 수 있다.

수학을 연구에 접목한 레비-스트로스는 문화를 구성 요소와 그들 간의 관계로 이루어진 전체로 보았으며, 이 관계는 일련의 변형 과정을 거쳐 불변의 특성을 지닌다고 파악했다. 이를 통해 그는 각 문화의 형태는 다양하지만, 인간의 행동과 사고에는 공통적인 논리적 내부구조가 있다는 이론을 전개하며, 문화 간 우열을 가리는 발전 이론을 부정하고, 다양한 문화들이 동일한 구조적 동질성을 가진 존재라고 주장했다.

인간의 무의식적인 내부 구조가 보편적인 공통점을 지니듯이, 수학 개념 역시 인간 내부에 보편적으로 존재한다고 볼 수 있다.

그렇다면 수학은 인간의 무의식 구조를 이해하고 밝혀

내는 데 필수적인 도구로 작용할 수밖에 없지 않을까? 수학은 우리가 쉽게 파악하기 어려운 인간의 복잡한 내면을 비추고, 그 속에 숨겨진 진리를 해석하는 데 중요한 역할을 할 수 있다.

귀류법
결코 쉬운 일이 아니다

1보다 큰 수 중에서 1과 자기 자신만으로 나누어 떨어지는 수를 소수라고 한다. 예를 들어 2, 3, 5, 7, 11, 13, 17, 19 등이 소수이다. 소수는 고대 그리스 시대부터 많은 수학자의 관심을 끌었으며, 소수를 찾아내는 다양한 방법들이 고안되었다. 그동안 수많은 소수가 발견되었고, 소수가 무한히 많다는 것을 증명하려는 시도도 이어졌다. 하지만 무한히 많은 소수를 나열하려면 무한한 시간을 필요로 하는데, 유한한 삶을 살아가는 인간이 이를 실현하는 것은 불가능하다.

그럼에도 불구하고 그리스의 수학자들은 놀랍게도 역설적인 증명 방법을 고안해 냈다. 소수의 개수가 유한하다고 가정하고, 그 주장이 잘못됨을 보임으로써 소수의 개수가 무한하다는 것을 증명하려 했다. 이 방법을 통해 소수가 무한개 존재한다는 것을 증명할 수 있었고, 그 과정에서 유클리드의 유명한 소수의 무한성 증명이 탄생하게 되었다. 이제 그 증명 과정을 살펴보겠다.

만약 소수의 개수가 유한하다고 가정하면, 그 모든 소수를 모을 수 있다. 이제 이 소수들을 $p_1, p_2, p_3, \cdots, p_n$이라 하고, 크기순으로 나열하여 가장 작은 소수는 p_1, 즉 2이고, 가장 큰 소수는 p_n이라고 하자. 즉, $p_1, p_2, p_3, \cdots, p_n$ 외에는 더 이상 소수가 존재하지 않는다고 가정하는 것이다.

이제 이 소수들을 모두 곱한 값에 1을 더한 수 q를 생각해 보자. q는 다음과 같다:

$$q = p_1 \times p_2 \times p_3 \times \cdots \times p_n + 1$$

이때, q는 $p_1, p_2, p_3, \cdots, p_n$으로 나누었을 때 나머지가 1이므로, 어떤 p_i(즉, $p_1, p_2, p_3, \cdots, p_n$)로도 나누어지지 않는 수이다. 즉, q는 기존의 소수들로 나누어지지 않는 수이다. 즉 q는 1과 자신 이외의 다른 자연수로 나눌 수 없는 수이다.

따라서 q는 소수가 된다. 하지만 q는 p_1, p_2, p_3, $\cdots$, p_n에 포함되지 않기 때문에, 원래 가정한 "소수는 p_1, p_2, p_3, $\cdots$, p_n만 있다."라는 말이 틀렸음을 알 수 있다.

즉, "소수의 개수는 유한하다."라는 가정이 잘못되었으므로, "소수의 개수는 무한하다."라는 명제가 참임을 증명할 수 있다. 놀랍게도, 소수의 개수가 무한하다는 사실은 소수를 모두 나열해서 직접적으로 찾아내지 않고도 증명할 수 있었다.

이처럼 어떤 명제를 규명하려 할 때, 역설적으로 그 명제의 반대가 옳다고 가정하고, 그 상정이 거짓임을 규명함으로써 원래의 명제가 참임을 증명하는 방법을 귀류법이라고 한다.

대부분의 수학 증명은 귀류법을 통해 이루어진다. 귀류법의 증명은 매우 강력하고 명확하여, 그 결과에 대한 이견을 불러일으키지 않는다. 또한 "~이 아니라고 가정하자."라는 귀류적 사고는 "~이다."라는 관점을 더 깊이 들여다보게 하고, 문제 해결에 대한 새로운 사고를 여는 계기가 된다. 이러한 귀류적 사고는 우리의 삶에서도 유용하게 적용할 수 있다. 귀류적 논증은 반대자의 주장에 내포된 예기치 않은 결과를 지적하여 그들의 주장에 오류가 있음을 납득시키는 방식이다.

예를 들어, 아이들을 교육하거나 훈육할 때, 부모의 말이 무조건 옳다는 식으로 설명하기보다는 귀류적인 방식으로 접근하는 것이 더 효과적일 때가 있다. "해야 할 것."을 반대 관점에서 "하지 말아야 할 것."으로 생각하고, 그것을 하지 않았을 때 발생할 문제와 결과를 함께 살펴보는 방식이 더 설득력 있다. 그런 방식으로 아이들은 "스스로 해야 한다."라는 생각을 하게 될 것이다.

"무엇이 아니라고 하자."라는 역발상은 통상적인 사고에서 벗어나 다른 각도에서 문제를 바라보게 하여 신선함을 주고, 더 풍성한 사고를 가능하게 한다. "아니라고 하자."는 표현은 본질적으로 "아니라면 어떻게 될까?"라는 질문의 성격을 지니고 있다. 이 질문은 문제의 구조를 변화시키고, 새로운 시각을 제시하며, 질문이 이끄는 성찰로 이어진다.

소크라테스의 사형 집행 전전날, 죽마고우인 크리톤이 본인이 모든 것을 준비했으니 죽음을 피해 잠시 탈옥하라고 간절하게 권유했다. 소크라테스는 죽음을 택해야 할 이유를 귀류법적으로 설명했다. 내가 죽음을 피한다면 어떠한 문제가 있는지 조목조목 설명해 크리톤을 납득시켜 소크라테스는 명예로운 죽음을 맞이했다.

내 주장이 틀렸다는 반대 의견이 제기될 때, 유연하게 반대되는 관점에서 사고하고 표현하며 행동해 보는 것이 중요하다. 그렇게 함으로써 어떤 결과가 나타나는지를 살펴보고, 그 과정에서 드러나는 문제점을 통해 나의 주장을 더욱 설득력 있게 만들 수 있다. 그러나 "네 주장이 틀렸어."라는 생각을 막상 받아들이기는 결코 쉬운 일이 아니다. 이를 위해서는 열린 마음과 용기가 필요하다.

Q 묻고

답하기 **A**

수학은 왜 삶의 무기가 될 수 있을까?

살아간다는 것은 끊임없이 선택하고, 실수하고, 다시 길을 찾는 과정이다.

그 여정 속에서 때로는 정확한 판단이 필요하고, 때로는 깊은 성찰이 요구된다. 수학은 이 두 가지 요구에 조용히 응답하는 학문으로 정확성과 사유, 계산과 성찰이 공존하는 드문 언어다. 바로 그 점에서, 수학은 삶의 무기가 될 수 있다.

먼저, 수학은 사고의 틀을 정돈해 주는 실용적인 도구이다. 복잡한 문제를 단순화하고, 논리적 근거에 기반하여 선택을 내리는 힘은 현대 사회를 살아가는 데 반드시 필요한 능력이다.

수학은 그 자체로 정보를 구조화하고, 우선순위를 분별하는 과정을 통해 무질서한 세상 속에서 명료한 기준을 세울 수 있는 능력을 키울 수 있다는 점에서 삶의 무기가 될 수 있다.

또한 수학은 보다 깊은 인생의 질문 앞에서 우리를 멈춰 세운다. 수학의 아름다움, 우아한 증명, 그리고 하나의 해답을 찾기까지의 사유하는 여정은 인문학이 삶의 의미를 찾아가는 과정과 닮아 있다. 공리에서 출발하여 모든 것을 증명하는 그 절차는 의심과 신뢰, 모순과 진리 사이를 오가는 인간 존재의 여정을 은유한다. 수학은 감정을 배제한 냉철한 언어로 보이지만, 때때로 '무엇이 중요한가', '무엇을 믿을 것인가'라는 본질적인 질문으로 인도하며 더 깊은 자기 성찰의 기회를 주기도 하면서 삶의 의미, 아름다움을 향유할 수 있는 능력을 키울 수 있다는 점에서 삶의 무기가 될 수 있다.

마지막으로 우리가 실패하거나, 길을 잃을 때, 수

학은 그 실패조차 '값진 과정'으로 바라보게 해주는 능력을 키워준다. 수학을 하는 과정에서 정답만이 존재하지 않듯, 삶도 오직 하나의 길만이 있는 것이 아님을 알려준다.

정답이 아닌 것을, 증명이 틀린 것을 해결하려는 과정 속에서 끊임없이 배우고, 추론하고, 수정해 나가는 태도야말로 수학이 우리에게 남겨주는 유익한 삶의 태도이다.

수학은 삶을 해석하는 렌즈이자, 혼란스러운 세상 속에서 스스로를 단단히 세울 수 있게 해주는 사유의 기술이다. 말로 설명되지 않는 아름다움과 진실을 하나의 공식, 하나의 그래프, 하나의 논증으로 우리 앞에 조용히 펼쳐 보이는 철학이다.

수학은, 단지 문제를 푸는 도구가 아니라, 삶의 질문에 응답하는 방식이 될 수 있으며, 우리가 더 정직하게, 더 깊이 있게 살아가기 위한 내면의 무기가 된다.

4부

관계의
회복을
추구하는

수학

수학은 삶의 질문에 응답하는 방식이 될 수 있다.

π의 특별함
라이프 오브 파이

영화로도 소개된 얀 마텔의 소설 『라이프 오브 파이』에서 주인공 피신 몰리토 파텔은 이름을 수학 용어인 원주율 π로 바꾼 후 원주율 π와 같이 이상하고, 복잡하고, 이해하기 어려운 인생을 살게 된다.

주인공 파이는 가족과 동물들과 함께 인도에서 캐나다로 가기 위해 태평양을 건너는 도중에 배가 난파된다. 가까스로 살아남아 사건조사를 위해 파견된 선박조사원들에게 그는 이렇게 말한다. 구명보트에 얼룩말과 하이에나, 오랑우탄, 그리고 벵골호랑이와 함께 표류하게 되었고 시간이 흐를수록 동물들은 배고픔으로 서로를 공격하여 서로 잡아먹었으며 결국에는 파이와 벵골호랑이만 남았다고 말했다. 파이와 벵골호랑이는 서로를 잡아먹어야 하는 상황이 되었지만 서로 상호 협력 관계를 형성해 자연에 맞서 싸워 결국은 둘 다 생존하게 되었다고 조사원들에게 말한다.

그가 이야기를 마쳤을 때, 선박조사원들이 믿지 않자 파이는 그들에게 다른 이야기를 다음과 같이 말한다.

인도에서 캐나다로 향하는 배가 태평양을 건너는 도중에 난파되었고 다리가 부러진 선원, 어머니, 그리고 험악한 요리사는 함께 구명보트에 타게 된다. 망망대해를 표류하는 사이 이들은 살아남기 위해 서로를 살해하고 시체까지도 먹었지만, 파이만이 생존했다고 말한다.

위의 두 이야기는 서로 다른 이야기일까? 한 가지는 사실이고 한 가지는 거짓이었을까? 사실 살아남은 파이가 같은 이야기를 다른 방식으로 두 번 이야기한 것뿐이다.

첫 번째 이야기에서 얼룩말을 두 번째 이야기의 선원으로, 첫 번째 이야기의 오랑우탄을 두 번째 이야기 파이의 어머니로, 하이에나를 잔인한 요리사로, 그리고 벵골호랑이를 주인공 파이로 대입해 보면 첫 번째의 이야기는 생존하기 위해 끔찍했던 사실을 아름다움으로 승화하여 풀어낸 이야기이고, 두 번째 이야기는 끔찍했던 사실을 있는 그대로 말한 것이다. 여러분이 선박조사원이라면 파이의 두 가지 이야기 중 어떤 것으로 보고하겠는가?

수학 원주율 파이에도 두 가지 버전의 이야기가 있다.

먼저 첫 번째 원주율 이야기를 소개하겠다. 지름이 2, 4, 6 (즉 반지름이 1, 2, 3)인 원을 직선 위에서 굴려서, 다시 시작점으로 올 때까지의 길이를 재면, 원이 굴러간 길이가 각각 정확하게 1, 2, 3배가 된다.

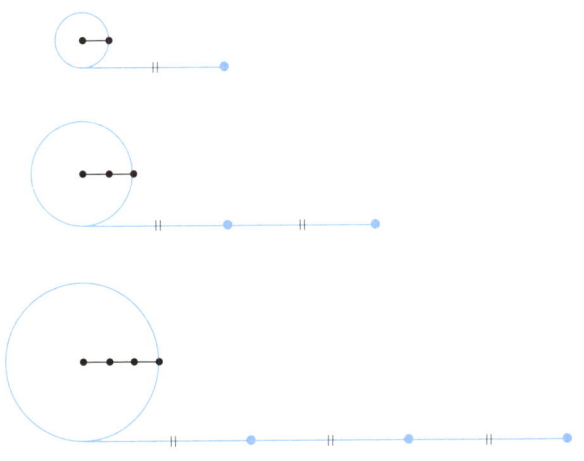

따라서 원의 둘레는 지름과 특정한 상수를 곱한 값이며,

이 상수를 그리스어로 둘레를 뜻하는 그리스어 περίμετρος의 첫 번째 글자를 따서 'π' '파이'라고 한다. 즉, 원의 둘레는 지름에 π를 곱한 값과 같으며, 이는 수식으로 다음과 같이 표현된다.

$$\text{원의 둘레} = \text{지름} \times \pi = 2 \times \text{반지름} \times \pi$$

고대 그리스 시대의 π는 단지 원의 둘레와 지름 사이의 비율로 이해되었을 뿐, 명확한 수치로 정의되지 않은 상상의 수에 가까웠다. 그리스인들은 이 수의 정확한 값을 알아내기 위해 끊임없이 노력했으며, 그중에서도 아르키메데스는 π의 값을 구하기 위해 독창적인 방법을 사용했다. 그는 원에 내접하는 정다각형과 외접하는 정다각형의 둘레를 계산하여, 이들의 값이 원의 둘레에 점점 가까워지도록 하여 π의 근사값을 구했다.

예를 들어, 반지름이 1인 원에 내접한 정육각형의 둘레를 측정해 보자. 정육각형은 변의 길이가 1인 정삼각형 6개로 이루어져 있으므로, 정육각형의 둘레는 $1 \times 6 = 6$이다. 이때, 정육각형은 원 안에 들어가는 도형이므로 정육각형의 둘레는 원의 둘레보다 작다. 따라서 원의 둘레는 6보다 크고, 이를 지름 2로 나눈 값인 π는 3보다 크다는 것을 알 수 있다.

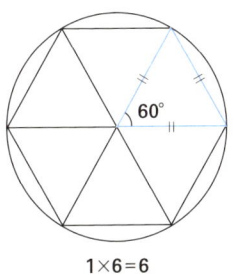

1×6=6

아르키메데스는 이 과정을 반복하여 더 많은 변을 가진 정다각형을 사용하여 원의 둘레의 근사값을 추정했다.

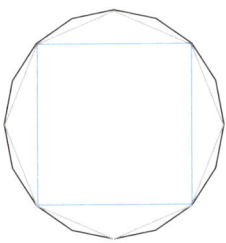

이후 아르키메데스는 원주율의 값이 유리수 rational number가 아니라 무리수 irrational number임을 알게 되었다.

원주율 π에 관한 또 다른 이야기는 라이프니츠가 17세기에 발견한 무한급수를 사용해 π값을 계산한 것이다. 라이프니츠는 1에서 시작하여 양수와 음수를 번갈아가며 더하는 다음의 계산에 관심을 갖게 되었다.

$1 - \frac{1}{3} + \frac{1}{5} - \frac{1}{7} + \frac{1}{9} - \frac{1}{11} + \cdots$

놀랍게도,

$4(1 - \frac{1}{3} + \frac{1}{5} - \frac{1}{7} + \frac{1}{9} - \frac{1}{11} + \frac{1}{13} - \frac{1}{15} + \cdots)$

의 값이 π가 됨을 밝혔다. 이렇게 해서 원주율은 규칙적인 수식을 이용하여 계산할 수 있게 되었다. 더 정확한 값을 얻으려면 수식을 연장하여 계산하면 된다.

π가 특별한 이유는 무엇일까? π는 이론적으로나 실용적으로도, 즉 기하학뿐만 아니라 공학, 물리학, 컴퓨터 과학 등 다양한 분야에서 중요한 역할을 한다.

숫자로써 π는 $4(1 - \frac{1}{3} + \frac{1}{5} - \frac{1}{7} + \frac{1}{9} - \frac{1}{11} + \frac{1}{13} - \frac{1}{15} + \cdots)$와 같이 무한급수로 분명하게 표현되며, 이는 3.14와 3.15 사이에 위치하는 무한소수 3.14159265358979…이다. 흥미롭게도 이 수는 우연히 '원주의 길이÷지름'인 원주율과 정확히 일치한다. 이처럼 수치로 명확하게 정의되는 무한급수로부터 이 수의 이름을 붙일 수도 있지만, 우리가 이 수를 '원주율'이라 부르는 이유는 단순한 수학적 표현을 넘어서, 모든 원에서 '원주의 길이÷지름'이 항상 같다는 아름다운 현상을 나타내기 때문이다. 이처럼 모든 원에서 동일하게 나타나는 보편적인 성질을 지닌 π는, 수학자들에게 끊임없는 연구와 탐구의 대상이 되었으며, 이에 대한 깊이 있는 연구는 수학 전반의 발전에도 많은 영향을 미쳤다.

소설 『라이프 오브 파이』로 돌아가서 조사원들이 받아들인 이야기는 무엇일까? 그들은 비현실적이지만 환상적이며 아름다운 첫 번째 이야기를 선택해 보고했다.

『라이프 오브 파이』에서 아름다운 첫 번째 이야기를 선택한 것과 유사한 이유로, 실제적인 무한소수의 이름보다는 π가 원주율로 불리는 것이다.

프랑스의 작가이자 철학자 알베르 카뮈는 "인생은 우리의 모든 선택의 합계이다life is the sum of all our choices."라고 말했다.

이는 우리가 태어나서 죽을 때까지 내리는 일상의 선택이 내 삶을 빚어낸다는 뜻이다. 우리가 삶을 어떻게 해석하고 어떤 방향으로 나아갈지를 자유롭게 선택할 수 있는 능력이 있음을 강조하며, 우리의 선택이 곧 우리의 삶이라는 깊은 통찰을 담고 있다.

우리는 현실을 객관적인 시각으로 이해하며 세상을 바라볼 수도 있고, 동시에 상상력을 통해 주관적인 시선으로 세상을 해석할 수도 있다. 객관적인 시각으로 현실을 바라보는 것도 중요하고, 그것을 주관적으로 해석하는 것 또한 중요하다.

현실에서 일어난 객관적인 상황을 절망적인 사건으로 받아들일 수도 있지만, 다른 한편으로는 그 사실 자체를 있는 그대로 받아들이면서도, 그 안에서 인생의 교훈을 발견하고 다음 단계로 나아가기 위한 밑거름으로 삼을 수도 있다.

이는 마치 원과 관련된 의미를 담기 위해 π를 '원주율'이라 부르면서, 그 표현 속에 이 수가 지닌 무한소수라는 객관적인 성격과 모든 원에서 동일하게 성립하는 아름다운 원리를 함께 담아내는 것과 같다.

이처럼 객관적 사실에 대한 주관적인 해석, 곧 상상력은 두 시각이 서로를 배제하는 것이 아니라, 오히려 조화를 이루며 삶의 깊이를 더해주는 중요한 요소이다.

바로 이러한 두 가지 시각―객관성과 상상력―은 종교

가 지속적으로 존재하는 이유이기도 하다. 객관성은 우리가 세상의 이치를 이해하고 분별하는 데 도움을 주고, 상상력은 우리가 느끼는 열정과 신념, 그리고 보이지 않는 것을 믿는 힘을 길러준다. 그리고 그 모든 시선과 선택들 속에서, 우리는 삶을 아름답게 바라보려는 '희망'이라는 방향을 택할 수 있다. 이 희망은 도전과 어려움 속에서도 우리의 내면을 지탱해주며, 삶을 긍정적으로 바라보고 더 나은 세상을 꿈꾸게 하는 깊은 원동력이 된다.

정육각형의 비밀
공존 사회를 꿈꾸며

파리 올림픽 메달의 가장 큰 특징은 메달 중앙에 있는 정육각형 모양의 금속이다. 이 금속 조각은 프랑스 파리의 에펠탑 개축 과정에서 나온 금속의 일부를 사용했다고 한다. 우선 정육각형의 의미에 대해 알아보자.

꿀벌들은 벌집을 지을 때 정육각형 모양을 선택한다. 꿀벌들은 왜 정육각형을 선택했을까?

이 이유를 알기 위해서는 먼저 각 정다각형의 내각과 평면 채우기의 원리를 알아야 한다.

이를 수학적으로 분석하면, 각 도형의 내부 각도와 이들이 평면에서 만나면서 형성하는 각도가 360도와 어떻게 잘 맞아떨어지는지가 핵심이다. 우선, 평면을 같은 모양의 정다각형으로 빈틈없이 채우는 방법을 살펴보자.

먼저 정삼각형을 보면, 정삼각형의 한 내각의 크기는 60도이다. 따라서 정삼각형을 평면에 배열하면, 6개의 정삼각형이 만나서 60도인 각이 6개 모여 360도가 되어 평면을 빈틈없이 채울 수 있다.

다음으로, 정사각형을 자세히 보자. 정사각형의 한 내각의 크기는 90도이다. 정사각형을 평면에 배열하면, 4개의 정사각형이 만나서 90도인 각이 4개 모여 360도가 되어 평면을 빈틈없이 채울 수 있다.

마지막으로, 정육각형을 살펴보면, 정육각형의 한 내각의 크기는 120도이다. 정육각형을 평면에 배열하면, 3개의 정육각형이 만나서 120도인 각이 3개 모여 360도가 되어 평면을 빈틈없이 채울 수 있다.

그렇다면, 정다각형 중에서 정삼각형, 정사각형, 정육각형만이 평면을 빈틈없이 완벽하게 채울 수 있을까?

정다각형의 한 내각의 크기를 살펴보면, 정삼각형은 60도, 정사각형은 90도, 정오각형은 108도, 정육각형은 120도 등으로, 변의 개수가 많을수록 각도의 크기도 커진다.

정다각형이 평면을 빈틈없이 채우기 위해서는, 한 점에

서 만나는 각도의 합이 360도여야 한다. 즉, 정다각형의 한 내각의 크기를 x라고 할 때, 한 점에서 n개의 정다각형이 모여서, $x \times n = 360$이 되어야 한다. 따라서 $n = \dfrac{360}{x}$은 정수가 되어야 한다.

이를 통해 가능한 경우를 살펴보면:

$\dfrac{360}{180} = 2$, 하지만 한 내각의 크기가 180도인 정다각형은 직선이 되어 각을 형성할 수 없다.

$\dfrac{360}{120} = 3$, 이는 한 내각의 크기가 120도인 정육각형이다.

$\dfrac{360}{90} = 4$, 이는 한 내각의 크기가 90도인 정사각형이다.

$\dfrac{360}{72} = 5$, 하지만 한 내각의 크기가 72도인 정다각형은 존재하지 않는다.

$\dfrac{360}{60} = 6$, 이는 한 내각의 크기가 60도인 정삼각형이다.

따라서 한 내각의 크기가 60도보다 작은 정다각형은 존재하지 않으므로, 정삼각형, 정사각형, 정육각형만이 평면을 빈틈없이 완벽하게 채울 수 있는 정다각형 도형이다.

그렇다면 꿀벌은 왜 정삼각형, 정사각형, 정육각형 중에

서 정육각형을 선택했을까?

이것은 효율과 관계가 있다. 동일한 면적을 가진 도형 중에서 가장 짧은 둘레를 갖게 되는 것은 원이고 원에 가까운 모양일수록 둘레의 길이도 짧아진다.

정삼각형, 정사각형, 정육각형을 비교할 때, 원에 더 가까운 모양은 정육각형이고 이들이 동일한 면적을 갖고 있다고 했을 때 정육각형이 가장 짧은 둘레를 가진다.

즉, 정육각형은 둘레를 상대적으로 적은 양의 재료(길이)를 사용하여 만들 수 있어 효율적이다. 꿀벌들은 벌집의 셀을 이루는 밀랍을 만드는 데 많은 에너지를 소모하므로, 정육각형 구조를 사용하면 필요한 밀랍의 양을 줄일 수 있다. 이는 꿀벌들이 에너지를 절약하고 벌집을 더 효율적으로 건설하는 데 도움을 준다.

실제로 꿀벌들이 벌집을 지을 때, 처음에 각각의 셀은 원형에 가깝게 시작된다. 그러나 셀이 채워지면서 온도와 중력의 영향을 받아 서로 밀착하게 되고 원이 밀착되면 그들이 채우는 공간을 가장 효율적으로 나누기 위해 정육각형 형태로 되어 가장 효율적인 벌집 구조가 된다.

꿀벌들이 정육각형으로 벌집을 짓는 이유는 자연의 놀라운 최적화 설계 덕분이다. 이 과정은 본능에 의해 주도되며, 꿀벌이 오랜 시간을 거치면서 자연에서 최적화된 구조를 선택한 결과로 볼 수 있다.

자연에서 정육각형을 사용하는 또 다른 예로 눈송이의 모양을 들 수 있다. 눈송이는 다양한 형태를 가지지만, 그 기본 구조는 정육각형을 따른다. 눈송이의 결정은 물 분자

가 결합하면서 형성되며, 분자 간의 각도 때문에 자연스럽게 정육각형 모양을 이룬다. 이 정육각형의 대칭은 눈송이의 독특하고 복잡한 패턴을 형성하는 기초가 된다.

위에서 살펴본 정육각형 벌집은 효율성의 자연법칙을 우리에게 보여줌과 동시에 수천 마리 벌의 협력이 빚어낸 완벽한 조화를 보여준다.

인간은 자연으로부터 배우는 최적화의 지혜를 여러 분야에 적용하며 지속 가능한 시스템을 창조했으며 창조해 가고 있다. 자연이 우리에게 보여주는 최적화는 단순히 효율을 높이기 위한 것만은 아니다. 그 속에는 질서의 아름다움이 있으며, 개별 존재들이 서로를 살리고 조화를 이루는 공존의 원리가 담겨 있다. 우리 인간과는 다른 점이다.

우리가 말하는 최적화, 효율화는 무엇일까? 혹시나 삶을 최적화한다는 이름 아래, 함께 협력하며 공존하는 자연의 질서를 배제시키고 있는 것은 아닐까? 최적화된 상황을 위해 속도를 높이고, 효율을 앞세우며 더 많은 것을 얻기 위해 쉼 없이 움직이고 있지는 않은가? 우리 안에 질서의 아름다움이 있을까? 함께 공존하기 위한 협력이 있을까? 삶은 정말 그렇게까지 최적화되어야 하는 것일까?

지나친 효율의 강조는 종종 우리를 지치게 하고, 타인과의 연결을 약화시키며, 삶의 에너지를 점차 소진시키는 결과를 낳을 것이다.

자연은 다른 방향을 가리킨다. 꿀벌의 삶이 보여주듯, 진정한 최적화란 나 하나의 완성이 아니라, 함께 살아가는 존재들과의 조화를 통해 이루어지는 것이다. 정육각형 벌집이 모난 곳 없이 맞물려 이어지듯, 우리 또한 서로 기대며 살아가는 존재임을 잊지 말아야 한다. 꿀벌처럼, 조화로운 리듬 속에서 더불어 살아가는 자연의 일부로 존재할 때, 너도 살고 나도 살 수 있다. 그 속에 쉼이 있다. 우리 사회가 효율성만을 강조하는 것에서 벗어나 함께 공존하는 쉼이 있는 사회가 되기를 기원해 본다.

부르바키
공공선을 추구하라

니콜라스 부르바키는 수학 역사에 길이 남을 혁신을 이끈 인물이다. 그의 업적은 오늘날의 수학을 형성하는 데 중요한 초석이 되었다. 그는 수학의 엄밀함을 강조하며, 집합 이론과 함수 해석과 같은 근본적인 분야에 획기적인 기여를 했다. 그렇다면 그는 어떤 사람이었을까? 사실 이 위대한 수학자는 존재하지 않는 인물이다.

이 독특한 이야기는 제1차 세계대전 이후, 프랑스 수학이 침체기에 놓인 상황에서 시작된다. 당시 프랑스는 독일에 비해 수학 수준이 처참할 정도로 뒤처져 있었고, 심지어는 기초적인 미적분 교재조차 없었다. 그 당시 프랑스의 젊은 수학자들은 어떤 생각을 했을까? 앙드레 베유와 8명의 동료들은 이 상황을 극복하기 위해 함께 모여 연구하며 혁신적인 아이디어를 냈다. 그들은 집합 이론을 기초로, 향후 2000년 동안 이어질 수학의 새로운 원리를 창출할 수 있는 연구를 함께하기로 결심했다. 그리고 모든 연구 결과를 자신들의 이름 대신, '니콜라 부르바키'라는 가상의 인물의 이름으로 발표하기로 했다. 이는 개인의 명예와 자랑을 포기하고 공동의 대의를 위한 희생의 결정이었다. 대부분 수학자들은 자신이 이룬 업적을 자신의 이름으로 발표하는 것이 통상적이지만, 이들은 개인의 욕심을 내려놓고 수학이라는 거대한 목표를 향해 함께 나아갔다. 니콜라 부르바키라는 이름은 단순한 가상의 존재가 아니라, 수학의 역사를 바꾼 집단의 의지를 상징하는 이름이 되었다. 그들은 개인의 이익과 명예보다는 수학의 발전이라는 '공동의 이익'을 위해 헌신하며, 오늘날 우리가 알고 있는 현대 수학의 기반을 다졌다.

9명의 젊은 프랑스 수학자들이 보여준 전례 없는 협력의 힘은 그야말로 혁신적이었다. 그들은 수학을 새로운 지평으로 이끌며, 프랑스를 수학의 세계적 선도국가로 자리 잡게 했다. 이후 수십 명의 영향력 있는 수학자들이 부르바키 학파를 계승하며 세대를 넘어 수학의 발전에 기여하고, 그 공로로 필즈 메달을 다수 수상했다.

그들이 현대 수학의 기초를 세운 방식은 단순히 이론을 나열하는 것이 아니라, '구조'라는 개념을 통해 새로운 관점을 제시한 것이었다. 그들은 객체들이 어떻게 상호작용하고 관계를 맺는지를 파악하며, 각 객체의 속성이 독립적으로가 아니라 관계 속에서 정의된다고 보았다. 이 '구조'의 관점은 수학뿐만 아니라 여러 학문 분야에 지대한 영향을 미쳤다.

부르바키 학파는 수학의 전반적인 체계를 네 가지 주요 구조―대수구조, 순서구조, 위상구조, 동형구조―로 나누어 탐구했는데 이들의 연구 결과는 수학의 범주를 넘어 과학, 사회과학, 인문학 전반에 걸쳐 깊은 영향을 끼쳤다. 특히 구조주의 이론은 인간의 행동과 사회 현상을 새로운 관점에서 이해하게 해주었고, 문화의 본질을 탐구하는 데 중요한 열쇠를 제공하였다. 각 분야 문제에 대한 수학적 접근으로 복잡한 관계를 명확하게 분석함으로써 인간의 내면 세계를 깊이 이해하는 데 브루바키의 연구는 중요한 도구로 작용하였다.

부르바키는 수학이 단순히 숫자와 공식의 나열이 아니라, 우리가 세상을 바라보는 방식을 근본적으로 변화시키는 도구임을 증명한 혁명적 존재로서, 그 영향력은 여전히 살아 숨 쉬고 있다. 멤버가 계속 변하는 부르바키 그룹은 2016년 그들의 연구 80주년을 맞아 『수학의 요소』의 11번째 책을 출간하였고, 오늘날에도 파리 대학교에서 정기 세미나를 이어가고 있다. 더욱 흥미로운 점은, 그들은 여전히 비밀스럽게 그들의 멤버십을 유지하고 있다는 사실이다.

스턴버그는 창의성의 가장 중요한 첫 번째 원칙으로 '공공선의 추구'를 강조했다. 부르바키는 개별 수학자의 명성과 인지도에 의존하지 않고, 대신 공동의 선을 위한 협력을 통해 위대한 수학적 성취를 이루었다. 그들의 진정한 업적은 경쟁이 아닌 협력에 있으며, 이를 통해 수학의 영역을 근본적으로 혁신했다.

오늘날 우리의 현실에서는 협력을 통해 서로 윈-윈 할 수 있는 기회를 만드는 대신, 종종 불필요한 경쟁이 앞서고, 공동체에 해가 되더라도 자신의 이익이 우선이라는 생각, 나만 잘 살면 된다는 생각이 팽배하다. 교육을 통해 진정한 인재를 키우기 위해서는 '공공선'을 위한 협력의 중요성을 가르치고, 이를 실천할 수 있는 환경을 만들어가는 일이 필요하다. 부르바키의 정신처럼, 우리가 세상을 더욱 풍요롭게 만드는 것은 단순히 개인의 성취가 아니라, 서로의 협력과 공공의 선을 추구하는 공동체적 노력에 달려있다.

겉넓이 ÷ 부피
인간과 자연 사이

지구는 둥근 구의 형태에 가깝다. 지구의 중력이 모든 방향에서 균등하게 작용하여 물질을 중심으로 끌어당기기 때문이다. 비유를 들어 더 쉽게 설명하겠다. 밀가루 반죽으로 빵을 만든다고 가정해 보자. 반죽을 모든 방향에서 균등하게 누르면 내부의 압력이 고르게 퍼지면서 자연스럽게 공 모양에 가까워진다. 반죽이 둥글수록 표면적이 최소화되어 수분 손실이 줄어들고, 균일한 발효가 이루어진다.

이와 마찬가지로, 지구에서 모든 방향으로 균등하게 작용하는 힘이 바로 중력이다. 오랜 세월 동안 중력은 지구를 모든 방향에서 당겨 가장 안정적인 구형에 가까운 형태로 만들었다. 다만, 지구가 자전하며 발생하는 원심력의 영향으로 적도 부분이 약간 부풀어 오르게 되었다.

지구가 구형이라서 대기와 해양이 균일하게 펴져 있다. 만약 지구가 각진 형태였다면, 특정 지역에만 대기가 집중되거나 해양이 한쪽으로 치우치는 문제가 발생할 수도 있었을 것이다.

같은 부피를 가진 여러 형태 중 구가 표면적이 가장 작다. 이러한 특성은 에너지 절약의 원리와 밀접하게 연결된다. 이는 에너지를 최소한으로 사용하여 일정한 형태를 유지하는 데 유리하다. 자연에서도 이러한 원리는 쉽게 찾아볼 수 있다. 물방울이나 기름방울이 둥글게 형성되는 이유는 표면 장력에 의해 표면적을 최소화하려는 성질이 있기 때문이다.

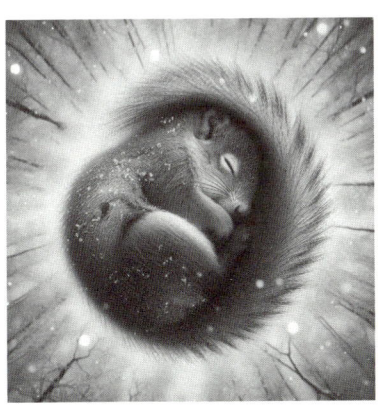

또한, 겨울잠을 자는 동물들이 몸을 둥글게 웅크리는 것도 표면적을 최대한 줄여서 열 손실을 최소화하기 위한 본능적 행동이다.

추운 지방에 사는 동물들이 크고 둥근 몸집을 가지는 이유도 같은 원리로 설명할 수 있다. 열은 주로 피부 표면을 통해 빠져나가는데, 둥글수록 피부 표면적이 작아져 열 손실을 줄이는 데 유리하다.

또한 크기가 클수록 피부 표면적 대비 덩치의 비율이 작아져 열 손실이 줄어든다. 이를 수학적으로 살펴보자. 피부 표면적은 겉넓이로, 덩치는 부피로 생각할 수 있다. 이때 겉넓이 ÷ 부피 값이 작을수록 단위 부피당 열이 빠져나가는 비율이 낮아지며, 그만큼 열이 내부에 오래 머물게 된다. 따라서 추운 지역의 동물일수록 이 값이 작으면 열을 보존할 수 있어 생존에 유리하다.

이 개념을 여러 형태의 구에 적용하여, 겉넓이 ÷ 부피 값을 구하여 보자.

반지름이 r인 구의 겉넓이는 $4\pi r^2$, 부피는 $\dfrac{4}{3}\pi r^3$이다. 따라서 겉넓이 ÷ 부피는 다음과 같이 계산할 수 있다.

$$겉넓이 \div 부피 = \frac{4\pi r^2}{\frac{4}{3}\pi r^3} = \frac{3}{r}$$

즉 반지름이 1인 구는 겉넓이 ÷ 부피 = 3,

반지름이 2인 구는 겉넓이 ÷ 부피 = $\frac{3}{2}$,

반지름이 3인 구는 겉넓이 ÷ 부피 = 1 이 된다.

이를 통해 반지름이 커질수록 겉넓이 ÷ 부피 값이 작아지는 것을 확인할 수 있다. 즉, 부피가 커질수록 상대적으로 열을 방출하는 비율이 줄어들고, 몸이 클수록 열을 보존하는 데 유리해진다는 원리를 알 수 있다.

추운 지역에서는 몸집이 큰 동물이 더 유리하고, 더운 지역에서는 열을 방출하는 것이 중요하기 때문에 몸집이 작은 동물이 더 유리하다. 예를 들어, 추운 지역의 순록은 열대 지역의 작은 사슴보다 훨씬 더 큰 몸집을 가지고 있다. 추운 환경에서 사는 생명체는 몸집이 커지는 경향을 보인다. 인간도 마찬가지로, 추운 지역에 사는 사람들은 대체로 더 큰 체구를 가지고 있으며, 이러한 신체적 특징은 환경에 맞춰 적응한 결과이다. 이처럼 생명체의 크기와 형태는 오랜 시간 환경에 맞춰 진화해 왔고, 이는 자연의 경이로운 조화와 생존의 지혜를 잘 보여준다.

더운 지역에서는 작은 몸집과 태양의 자외선을 막아주는 멜라닌 색소가 많은 검은 피부가 생존에 유리하고, 추운 지역에서는 큰 몸집과 적은 태양 빛을 최대한 흡수할 수 있는 하얀 피부가 유리하다. 따라서, 흑인과 백인은 각자의 자연환경에서 생존에 유리하도록 최적의 적응을 한 결과이다.

이와 같은 생물학적 적응과 자연환경에 따른 결과에도 불구하고, 인종 차별이 일어나는 것은 얼마나 황당한 일인

가? 우리의 외모는 우리가 선택한 것이 아니라, 오랜 시간 동안 자연이 선택한 결과이다.

소설 파친코의 작가 이민진은 뉴욕타임스 칼럼을 통해 "인종을 집에 두고 올 수는 없다."라고 미국 사회의 인종 차별에 대해 호소했다. 우리나라 역시 다문화 사회로 변하고 있으며, 우리 또한 이민진 작가의 호소에 자유롭지 못하다. 북극의 동물과 열대의 동물을 다시 떠올려, 생명체가 각자의 환경에 맞춰 진화해 왔다는 사실을 기억해야 한다.

환경에 따른 생명체의 적응을 이해하고 존중하는 것처럼, 우리는 문화적 차이를 인정하고, 그들이 지닌 고유한 배경과 맥락을 존중해야 할 것이다.

플라톤 입체의 본질
수학적 질서

평면에서 변의 길이가 모두 같고 각의 크기가 동일한 다각형을 정다각형이라고 한다. 정다각형에는 정삼각형, 정사각형, 정오각형 등이 있으며, 이들은 각각 각의 크기와 변의 길이가 같다. 평면에 정다각형이 있다면, 공간에서는 그 성질을 지닌 정다면체가 존재한다. 정다면체는 모든 면이 정다각형으로 이루어져 있고, 각 꼭짓점에 모이는 면의 개수가 같다. 하지만 평면에서 무수히 많은 정다각형이 존재하는 것과 달리, 공간에서는 단 5종류의 정다면체만 존재한다. 정사면체, 정육면체, 정팔면체, 정십이면체, 정이십면체가 바로 그것이다.

정다면체는 그 자체로도 완벽한 대칭적인 구조일 뿐만

아니라, 정다면체들 사이에도 놀라운 대칭적 관계가 존재한다. 예를 들어, 정육면체는 꼭짓점이 8개, 모서리가 12개, 면이 6개이다. 이와 대조되는 도형으로, 꼭짓점의 수와 면의 수가 뒤바뀐 형태인 정팔면체는 꼭짓점이 6개, 모서리가 12개, 면이 8개이다. 또한, 정십이면체는 꼭짓점이 20개, 모서리가 30개, 면이 12개인데, 이와 마찬가지로 면 수와 꼭짓점 수가 뒤바뀐 형태인 꼭짓점 12개, 모서리 30개, 면이 20개인 도형이 정이십면체로, 정다면체 간의 대칭을 잘 보여준다.

정다면체는 그 아름답고 안정적인 대칭 구조 덕분에 고대 그리스 시대부터 수학자들뿐만 아니라 철학자, 과학자들의 깊은 관심을 받아왔다. 플라톤은 이 다섯 가지 정다면체를 우주의 기본 요소로 보았으며, 우주의 질서가 이러한 정다면체의 안정적이고 수학적인 구조 안에 내재한다고 믿었다. 그리스인들은 우주의 기본 요소를 불, 흙, 물, 공기로 보았고, 플라톤은 이 요소들과 정다면체를 연관 지어 설명했다. 그래서 정다면체는 '플라톤 입체'라고도 불린다. 플라톤은 그의 저서 티마이오스에서, 우주를 구성하는 불, 흙, 물, 공기의 특성이 각각 정다면체의 형태와 일치한다고 보았다.

그는 각 요소의 특성을 고려하여 다음과 같이 정했다:

불은 날카롭고 뾰족한 성질을 지닌 정사면체,

안정적인 성질을 가진 흙은 정육면체,

바람처럼 쉽게 회전하는 성질을 가진 공기는 정팔면체,

유동적인 물은 정이십면체,

그리고 이 모든 요소로 구성된 우주는 정십이면체의 형태를 가진다고 보았다.

현대적인 관점에서 그의 생각은 비현실적이고 터무니없어 보일 수도 있지만, 플라톤의 접근법은 깊은 의미를 내포하고 있다. 그는 불, 흙, 물, 공기와 같은 자연의 애매하고 명확하지 않은 요소들을 수학적 구조물로 대응시키며, 당시 혼란스러워 보였던 우주에 수학적 질서를 부여하려 했다. 놀랍게도, 현대 과학에서도 원자 구조를 이해하기 위해 수학적 모델을 사용하고 있으며, 안정적인 물질의 원자 구조가 정다면체와 유사한 형태를 가진다는 사실이 밝혀졌다.

플라톤의 통찰력은 케플러, 갈릴레오, 뉴턴과 같은 위대한 사상가들에게 영향을 미쳤고, 그의 정신은 오늘날에도 여전히 이어지고 있다. 현대의 과학자들은 여전히 우주의 기본 요소에 적합한 수학적 구조를 찾기 위해 끊임없이 연구하고 있다.

따라서, 플라톤은 우주의 구성 단위가 정확히 어떤 모습인지 알지 못했지만, 그 본질을 꿰뚫어 볼 수 있는 깊은 통찰을 가졌다고 평가할 수 있다.

본질이란 무엇일까? 본질은 어떤 사물이나 현상의 가장 근본적이고 변하지 않는 속성이나 특성을 의미한다. 본질을 보는 안목이란 무엇일까? 안목(眼目)의 한자어인 眼과 目은 모두 눈이라는 뜻이다. 즉 안목이란 글자 그대로 보는 것을 통하여 이치를 이해하는 것이다. 플라톤은 사물의 본질을 '이데아'라고 정의했는데, 그리스어로 '이데아' 역시 '본다'는 뜻을 지니고 있다. 지식에는 두 가지 종류가 있다. 하나는 '하는 지식', 즉 실생활에서 무언가를 하기 위해 필요한 지식이고, 다른 하나는 '보는 지식', 즉 현상이나 사물의 본질을 보는 데 필요한 지식이다. 예를 들어, 요리를 할 때 필요한 지식은 실생활에서 직접 활용되는 '하는 지식'에 해당한다. 반면, 현상을 분석하고 깊이 이해하는 데 필요한 지식은 '보는 지식'이다.

본질을 보는 안목은 끊임없는 독서와 문제의 본질을 깊이 이해하려는 사고에서 비롯된다. 표면적인 해결에 그치지 않고, 문제를 깊이 생각하고 그 속에 숨겨진 진짜 이유와 핵심을 찾으려는 과정에서 얻는 깨달음이 중요하다. 단기적으로 문제를 해결하는 데 급급하면, 진짜 본질을 파악할 수 없고, 더 큰 문제를 해결할 수 있는 안목을 기를 수 없다.

많은 사람이 수학에 대해 '하는 지식'으로만 이해하는 경향이 있다. 실생활에서 문제를 풀기 위한 도구로 보는 것이다. 하지만 수학은 그 이상의 의미를 지니고 있다. 수학의 진정한 본질은 '보는 지식', 즉 이론적이고 추상적인 차원의 이해에 있다. 수학은 실생활에서의 필요를 넘어, 순수한 이론을 탐구함으로써 수학 자체의 본질을 파헤친다. 본질을 밝히려는 학문을 공부하면서, 우리는 세상을 보다 깊이 있고 넓은 시야로 바라보는 안목을 기를 수 있다.

평면적 사고
진정한 이해란 무엇일까

"내 눈으로 확실히 봤다."라는 말을 꽤 자주 듣는다. 많은 사람이 직접 본 것이 곧 진실이라고 믿는 경향이 강하다. 그런데 과연 눈으로 본 것이 항상 진실일까? 이를 설명하는 그림을 함께 살펴보자.

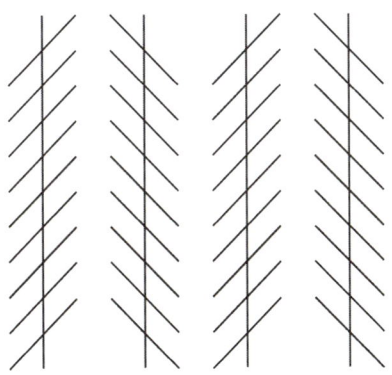

"이게 평행이라고? 분명히 내 눈으로 확인했는데! 평행이 아니야." 이렇게 말하고 싶을 수도 있다. 그러나 실제로는 어떨까?

졸너의 평행선 착시라고 불리는 이 현상은 두 개의 평행한 선이 주변 배경의 패턴이나 요소들에 의해 실제로는 평행임에도 불구하고 평행하지 않게 보이게 만드는 시각적 착시이다. 이 현상은 우리가 시각 정보를 처리하는 방식에 대해 중요한 통찰을 제공한다. 인간의 뇌는 주변 환경에서 얻은 정보를 종합해 대상을 인식하며, 그 과정에서 환경이 우리의 인식에 미치는 영향이 매우 크다는 것을 말해 준다.

우리는 실제로 평행한 선이 있음에도 불구하고 주변 배경에 따라 그것을 왜곡된 형태로 인식할 수 있다. 이러한 착시는 "눈으로 봤기 때문에 진실."이라는 직관적 사고가 항상 옳지 않을 수 있음을 상기시켜 준다. 우리의 인식은 주변 환경에 쉽게 영향을 받을 수 있음을 경고하는 메시지를 담고 있다.

오른쪽 그림을 보자.

이 그림에서 폭포라는 독특한 구조를 통해 작가는 물이 끊임없이 위에서 아래로 떨어지고, 다시 아래에서 위로 올라가는 영속적인 움직임을 표현했다. 끝없이 이어지게 보이지만, 실제로는 같은 장소를 반복하는 착시를 나타낸다.

이러한 착시는 M.C. 에셔의 일명 '무한한 회전Escher's Infinite Loop'으로 알려져 있으며, 그의 작품에서 자주 발견되는 특징 중 하나이다. 3차원에서는 실현 불가능하지만, 2차원 평면에서는 마치 완벽하게 연결된 경로처럼 보인다.

이 그림은 안정감 있는 구성을 지니면서도 실재와 허구 사이의 경계를 모호하게 만든다. 우리의 지각이 물리적 가능성과 시각적 착각 사이에서 균형을 유지하는 것처럼 보이지만, 사실은 시각적 오류로 인해 혼란에 빠지게 된다.

에셔의 무한한 회전과 같은 착시는 우리의 뇌가 2차원 평면에서 3차원 구조를 해석할 때 발생하는 오류에 기반한다. 경로는 연속적으로 연결된 것처럼 보이지만, 실제로는

폭포 ⓒ 1961,
마우리츠 코르넬리스 에셔

물리적으로 불가능한 구조로 시각적 모순이 생긴다. 이 현상은 평면적 사고의 한계를 드러내며, 복잡한 3차원 문제를 단순화하려는 접근 방식을 보여준다. 에셔의 작품은 이러한 단순화된 사고가 현실의 복잡성을 충분히 설명하지 못함을 보여주어 시각적 정보에 의존하는 사고가 3차원적 현실을 정확하게 반영하지 못한다는 점을 일깨워준다.

우리는 모든 것을 명확히 보고 있다고 믿지만, 착시는 우리의 경험과 사고가 제한적임을 일깨운다. 복잡한 현실을 이해하려면 다차원적 사고가 필요하다.

고대부터 중세 때까지 많은 사람이 단순한 시각적 경험에 의존하여 지구는 평평하고 우주의 중심에 있으며 모든 천체가 지구를 중심으로 돈다고 믿었다. 이러한 평면적 사고방식은 당시의 세계관을 형성했을 뿐만 아니라, 과학적 탐구와 철학적 사유를 제한했다. 중세 유럽에서는 그 당시 지배적인 평면적 사고에 반하는 의견을 가진 사람들이 종교 재판에 회부되었다. 갈릴레오 갈릴레이가 지동설을 주장했을 때, 그는 이러한 사상에 맞서 싸워야 했으며, 그의 발견은 그 당시 사회에서 엄청난 논란을 일으켰다.

1955년 미국 앨라배마주 몽고메리에서 로자 파크스는

백인 전용 좌석에 앉았다는 이유로 체포되었다. 당시 미국 사회는 흑인과 백인을 엄격히 구분하고 분리하는 정책을 펼치는 등 인종 차별이라는 평면적 사고에 갇혀 있었다. 그러나 로자 파크스의 작은 저항은 마틴 루터 킹 주니어가 주도한 대대적인 민권 운동으로 이어졌다. 이로 인해 많은 사람이 평등한 인권에 대한 새로운 관념을 갖게 되었고, 인종과 관계없이 모든 사람이 동등하다는 반성적 사고를 바탕으로 사회 변혁을 이끌었다. 이 사건은 평면적 사고를 넘어 인류 보편적 가치인 평등과 자유에 대한 심층적 사고를 촉발한 중요한 역사적 전환점이 되었다.

오늘날에도 우리는 일상에서 평면적 사고에 갇힌 사람들을 종종 마주친다. 이들은 모든 것을 단순하게 바라보며 자신의 의견이 절대적으로 옳다고 확신한다. 다른 관점을 제시해도 오히려 더 강하게 자신의 주장을 고수하며 "확실하다.", "분명하다."라고 단정 짓곤 한다. 이러한 상황은 때때로 우리를 답답하게 만들 수 있다. 하지만 우리가 모두 한때 그러한 사고에 빠졌던 적이 있었다는 사실을 잊지 말아야 한다.

지혜는 결코 한 사람의 의견에 갇히지 않는다. 소크라테스가 "내가 아는 유일한 것은 내가 아무것도 모른다는 것이다."라고 했듯이, 진정한 이해는 다양한 관점을 받아들이고 서로 다른 생각을 존중하는 과정에서 자라난다. 그럴 때 우리는 비로소 깊은 혜안을 얻게 된다. 우리가 세상을 살아가며 다른 사람들과 함께 수많은 경험을 쌓아갈 때 우리의 시야가 넓어지고 입체적 사고도 깊어질 것이다.

통계
해석의 언어일 뿐

1930년대 미국에서는 경제 대공황이라는 큰 경제 위기가 있었다. 많은 사람이 직장을 잃었고, 정부는 실업률을 낮추기 위해 여러 정책을 펼쳤다. 하지만 실업률을 계산하는 방법에 따라 전혀 다른 숫자가 나왔다.

예를 들어, 어떤 연구기관에서는 일하던 사람 중 몇 %가 일자리를 잃었는지를 기준으로 실업률을 계산했을 때에는 실업률이 25%나 되었다. 하지만 다른 기관에서는 일을 찾으려 노력하는 사람만 포함하고, 아예 구직을 포기한 사람은 제외하는 방식을 사용했을 경우에는 실업률이 15%로 줄어들었다. 같은 데이터를 사용했지만 계산하는 방법이 달라서 전혀 다른 결과가 나온 것이다.

이런 차이를 '데이터 선택 편향'이라고 한다. 어떤 데이터를 포함하고 어떤 데이터를 빼느냐에 따라 연구 결과가 달라지기 때문이다. 예를 들어, 어떤 약이 효과가 있다고 발표되었어도, 실험할 때 특정 연령대나 건강 상태가 좋은 사람들만 포함했다면, 그 결과가 모든 사람에게 적용된다고 보기 어렵다. 마찬가지로, 경제 조사나 선거 여론 조사도 어떤 데이터를 포함하느냐에 따라 완전히 다른 결론이 나올 수 있다.

대공황 당시 미국 정부는 실업률이 15%라는 수치를 강조하며 경제가 회복되고 있다고 홍보했다. 하지만 실제로는 많은 사람이 여전히 일자리를 찾지 못해 힘든 생활을 하고 있었다. 만약 정부가 25%라는 실업률을 기준으로 정책을 세웠다면, 더 적극적인 경제 대책이 나왔을지도 모른다. 이처럼 숫자는 객관적이고 정확해 보이지만, 해석하는 방법에 따라 다르게 보일 수 있다. 숫자를 볼 때는 그 숫자가 어떤 기준으로, 어떤 해석 방법에 따라 나온 것인지 생각하는 것이 중요하다.

소설 속에서도 숫자가 진실을 가릴 수 있다. 『걸리버 여행기』에서 소인국 학자들은 걸리버의 키가 소인의 키보다

12배 크므로, 몸 크기(부피)의 비율이 $1 : 12^3 = 1{,}728$이라며 음식도 1,728배 더 필요하다고 계산한다. 얼핏 보면 수학적 추론을 바탕으로 한 합리적인 계산처럼 보이지만, 실제로는 몸이 크다고 해서 반드시 그렇게 많은 음식을 필요로 하지는 않는다. 생리학적으로는 하루에 필요한 에너지는 $\sqrt{(키의 길이)^3}$에 비례한다. 걸리버의 키가 12배 정도 크니 에너지는 $\sqrt{12^3}$ 약 42배 정도면 충분하다. 만약 걸리버가 실제로 그렇게 많은 음식을 섭취했다면 그는 소인국에서 그토록 오래 살아남지 못했을 거다. 아마도 그는 거인국에 도달하기도 전에 생을 마감했을 테고, 결국『걸리버 여행기』는 1부에서 끝났을 것이다!

사람들은 수학과 통계를 신뢰하는 경향이 있다. 하지만 그 숫자가 어떻게 만들어졌고, 어떤 가정을 기반으로 했는지 깊이 들여다보지 않으면 오히려 숫자에 속아 넘어가기 쉽다. 19세기 영국 총리 벤저민 디즈레일리Benjamin Disraeli가 "세상에는 세 가지 거짓말이 있다. 그럴듯한 거짓말, 새빨간 거짓말, 그리고 통계다."라고 말한 것도 이런 이유 때문일 것이다.

수학을 연구하는 사람으로서, 숫자가 때때로 진실을 가

리는 장벽이 될 수도 있다는 사실이 안타깝다. 정보화 시대에는 더욱 많은 데이터가 쏟아지고 있으며, 우리는 수많은 숫자 속에서 살아가고 있다. 그러나 숫자는 그 자체로 진실이 아니라, 우리가 현상을 요약하고 해석한 결과일 뿐이다. 중요한 것은 숫자 자체가 아니라, 그것을 바라보는 우리의 비판적 사고와 통찰력이다.

수학은 단지 순수한 진리를 탐구하는 고요한 학문이 아니다. 그것은 우리가 살아가는 세상의 모순과 허상을 직시하게 하고, 더 높은 차원의 통찰로 이끌어주는 예리한 지성의 도구이다. 통계 수치, 지표, 알고리즘이 마치 객관적 진실처럼 제시되지만, 그 이면에는 언제나 특정한 시선과 전제가 존재한다. 숫자는 우리가 세상을 이해하기 위해 만든 해석의 언어이지, 그 자체가 진실은 아니다.

그럼에도 사회는 종종 숫자를 절대화하며, 복잡한 현실을 단순한 수치로 환원시킨다. 어떤 수는 불편한 진실을 가리고, 어떤 통계는 소수의 고통을 보이지 않게 한다. 이런 경박한 흐름 속에서 수학이 진실을 외면하는 도구가 되어서는 안 된다.

우리가 진정으로 수학을 사랑한다면, 숫자의 힘을 이해

하고 활용하는 데 그치지 않아야 한다. 그 힘을 바르게 사용하는 지혜, 숫자 너머의 진실을 분별하는 통찰, 침묵하는 수치 속에서 외면된 사람들의 목소리를 읽어내는 용기─바로 그것이 수학이 세상과 깊이 연결되는 길이며, 우리가 지녀야 할 마음이다. 그럴 때 수학은 현실을 외면하지 않는 학문이 되고, 세상을 더 높은 곳으로 이끄는 언어가 될 것이다.

뫼비우스의 띠
헤아리고 있나요

조세희의 소설 『뫼비우스의 띠』에서 수학 교사가 던지는 질문은 매우 흥미롭다.

"두 명의 아이가 굴뚝을 청소한 후, 한 아이의 얼굴은 깨끗하고 다른 아이의 얼굴은 더럽다. 이때, 누가 세수를 하게 될까?

학생들이 말한다.

"더러운 아이요."

교사는 이렇게 반문한다.

"더러운 아이는 다른 아이를 보고 자신도 깨끗하다고 생각하기 때문에 씻지 않는다.

그러면 누가 씻어야 할까?"

학생들은 이번에는 이렇게 대답한다.

"깨끗한 아이요."

교사는 또 틀렸다고 말한다. 아이들이 굴뚝을 같이 청소했다면 둘 다 얼굴이 더러워져야 하기 때문이라고 설명하면서 칠판에 "뫼비우스의 띠"를 그린다.

뫼비우스의 띠Möbius strip는 매우 흥미로운 형태를 가진 입체도형으로 수학적으로 매우 중요한 의미가 있다. 뫼비우스의 띠는 독일 수학자 아우구스트 뫼비우스August Möbius가 기하학 이론을 연구하던 중에 발견하였다. 종이, 가위, 풀을 준비하여 뫼비우스의 띠를 만들어 보자.

(1) 우선 길쭉한 직사각형 모양 종이를 준비한다.
(2) 직사각형 모양의 종이의 한쪽 끝을 한 번 꼬아 놓는다.
(3) 양쪽 끝을 풀로 붙인다.

수학적으로는 이렇게 표시한다.

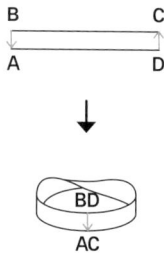

이와 같이 동일시하는 방법은 수학에서 새로운 도형을 창출하는 대표적인 방법 중 하나이다.

뫼비우스의 띠는 세 가지의 독특한 특성이 있다.

첫째, 안과 밖이 없다. 띠의 가운데 선 위의 한 점에서 출발해 그 선을 따라가다 보면, 결국 다시 처음 지점에 도달한다.

따라서 이 띠는 양면으로 이루어진 것이 아니라 하나의 표면만으로 이루어진 도형이다.

둘째, 뫼비우스의 띠 가운데 선을 따라 자르면 두 개의 부분으로 나뉘지 않고 두 번 꼬인 한 개의 뫼비우스 띠가 된다. 이것은 뫼비우스 띠의 특이한 특성 중 하나로, 표면을 자를 때 우리가 흔히 기대하는 것과는 다른 결과를 보인다.

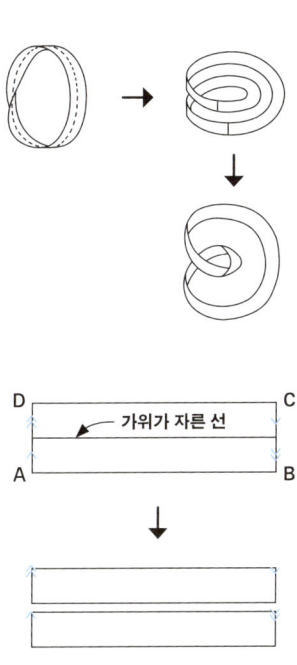

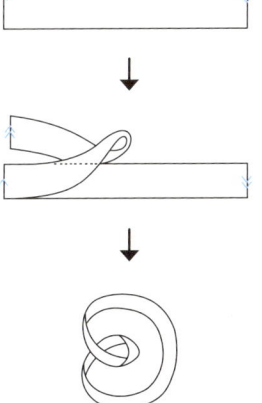

가위가 자른 선

셋째, 우주여행 중에 뫼비우스의 띠를 따라가다가 제자리로 돌아오면 왼쪽과 오른쪽이 바뀐다. 우주 비행사가 심장 박동을 왼쪽이 아니라 오른쪽에서 느끼게 된다면, 얼마나 놀랄지 상상만 해도 아찔하다.

우리는 인생의 경계에 서서 끊임없이 그 경계의 사이를 걷는다. 뫼비우스의 띠처럼 안과 밖이 서로 얽힌다는 개념은, 우리가 이분법적인 고정 관념을 넘어서 다양한 시각을 받아들여야만 가능하다. 옳고 그름, 선과 악, 좌와 우는 단순히 서로 다른 편에 머물러 있는 것이 아니라, 동일한 흐름 안에서 서로 영향을 주고받는다는 것을 뫼비우스의 띠를 보면서 생각하게 된다. 각자 다른 배경, 경험, 그리고 관점을 가진 우리는, 때로는 타인의 행동이나 의견에 대해 부정적으로 반응하기보다 그들의 시각을 이해하려 노력하는 것이 중요하다.

그 과정에서 우리는 경계 너머의 시야를 가질 수 있고, 그 시야는 우리를 타자와의 접속으로 이끌며, 성장과 성찰의 문으로 인도할 것이다.

미국 캘리포니아주 앨라배마 힐스에 있는 천연 화강암 뫼비우스 아치

나가는 글

수학이 아니라, 당신이 아름답다.

    수학은 참 신기하다. 답이 정해져 있지만, 도달하는 길은 무한히 다양하다.

    그 길을 걸으며 우리는 알게 된다. 삶도 그러하다는 것을.

    살다 보면, 늘 정답이 있는 건 아니다.

    그러나 우리가 묻고, 생각하고, 다시 돌아보는 그 여정 자체가 의미 있는 답이 되어준다.

    혹시 지금, 삶이 복잡하고 버거운 순간이라면 이 책의 어떤 공식 하나가, 어떤 개념 하나가 당신에게 잠시 멈춰 숨을 고르게 하는 위로가 되었기를 바란다.

    그리고 기억하라.

    이 세상을 움직이는 건 숫자가 아니라, 숫자 뒤에 있는 당신의 생각과 마음이다. 삶을 아름답게 만드는 건 공식이 아니라, 당신의 존재 자체다.

수학은 단지 그 진실을 비추는 거울일 뿐이다.

KI신서 13684
수학이 내 인생에 말을 걸었다

1판 1쇄 발행 2025년 7월 18일
1판 2쇄 발행 2025년 12월 15일

지은이 최영기
펴낸이 김영곤
펴낸곳 ㈜북이십일 21세기북스

서가명강팀장 김민혜 **서가명강팀** 강효원 이정미 최현지
영업팀 정지은 남정한 장철용 강경남 황성진 김도연 이민재
편집 이영애
디자인 조기연
제작팀 이영민 권경민

출판등록 2000년 5월 6일 제406-2003-061호
주소 (10881) 경기도 파주시 회동길 201 (문발동)
대표전화 031-955-2100 **팩스** 031-955-2151 **이메일** book21@book21.co.kr

㈜북이십일 경계를 허무는 콘텐츠 리더

21세기북스 채널에서 도서 정보와 다양한 영상자료, 이벤트를 만나세요!
페이스북 facebook.com/jiinpill21   유튜브 youtube.com/book21pub
인스타그램 instagram.com/jiinpill21   홈페이지 www.book21.com

서울대 가지 않아도 들을 수 있는 명강의! 〈서가명강〉
유튜브, 네이버, 팟캐스트에서 '서가명강'을 검색해보세요!

ⓒ 최영기, 2025

ISBN 979-11-7357-394-1 04300
    978-89-509-7942-3 (세트)

책값은 뒤표지에 있습니다.
이 책 내용의 일부 또는 전부를 재사용하려면 반드시 ㈜북이십일의 동의를 얻어야 합니다.
잘못 만들어진 책은 구입하신 서점에서 교환해드립니다.

'서가명강' 시리즈가 궁금하다면 큐알(QR) 코드를 스캔하세요.

서가명강 서울대 가지 않아도 들을 수 있는 명강의

'서가명강'은 대한민국 최고 명문 대학인 서울대학교 교수님들의 강의를 엮은 도서 브랜드로,
다양한 분야의 기초 학문과 젊고 혁신적인 주제의 인문학 콘텐츠를 담아 시리즈로 발간하고 있습니다.

01 나는 매주 시체를 보러 간다 유성호 | 의과대학 법의학교실 교수
02 크로스 사이언스 홍성욱 | 생명과학부 교수
03 이토록 아름다운 수학이라면 최영기 | 수학교육과 교수
04 다시 태어난다면, 한국에서 살겠습니까 이재열 | 사회학과 교수
05 왜 칸트인가 김상환 | 철학과 교수
06 세상을 읽는 새로운 언어, 빅데이터 조성준 | 산업공학과 교수
07 어둠을 뚫고 시가 내게로 왔다 김현균 | 서어서문학과 교수
08 한국 정치의 결정적 순간들 강원택 | 정치외교학부 교수
09 우리는 모두 별에서 왔다 윤성철 | 물리천문학부 교수
10 우리에게는 헌법이 있다 이효원 | 법학전문대학원 교수
11 위기의 지구, 물러설 곳 없는 인간 남성현 | 지구환경과학부 교수
12 삼국시대, 진실과 반전의 역사 권오영 | 국사학과 교수
13 불온한 것들의 미학 이해원 | 미학과 교수
14 메이지유신을 설계한 최후의 사무라이들 박훈 | 동양사학과 교수
15 이토록 매혹적인 고전이라면 홍진호 | 독어독문학과 교수
16 1780년, 열하로 간 정조의 사신들 구범진 | 동양사학과 교수
17 건축, 모두의 미래를 짓다 김광현 | 건축학과 명예교수
18 사는 게 고통일 때, 쇼펜하우어 박찬국 | 철학과 교수
19 음악이 멈춘 순간 진짜 음악이 시작된다 오희숙 | 작곡과(이론전공) 교수
20 그들은 로마를 만들었고, 로마는 역사가 되었다 김덕수 | 역사교육과 교수
21 뇌를 읽다, 마음을 읽다 권준수 | 정신건강의학과 교수
22 AI는 차별을 인간에게서 배운다 고학수 | 법학전문대학원 교수
23 기업은 누구의 것인가 이관휘 | 경영대학 교수
24 참을 수 없이 불안할 때, 에리히 프롬 박찬국 | 철학과 교수
25 기억하는 뇌, 망각하는 뇌 이인아 | 뇌인지과학과 교수
26 지속 불가능 대한민국 박상인 | 행정대학원 교수
27 SF, 시대정신이 되다 이동신 | 영어영문학과 교수
28 우리는 왜 타인의 욕망을 욕망하는가 이현정 | 인류학과 교수
29 마지막 생존 코드, 디지털 트랜스포메이션 유병준 | 경영대학 교수
30 저, 감정적인 사람입니다 신종호 | 교육학과 교수
31 우리는 여전히 공룡시대에 산다 이융남 | 지구환경과학부 교수
32 내 삶에 예술을 들일 때, 니체 박찬국 | 철학과 교수
33 동물이 만드는 지구 절반의 세계 장구 | 수의학과 교수
34 6번째 대멸종 시그널, 식량 전쟁 남재철 | 농업생명과학대학 특임교수
35 매우 작은 세계에서 발견한 뜻밖의 생물학 이준호 | 생명과학부 교수
36 지배의 법칙 이재민 | 법학전문대학원 교수
37 우리는 지구에 흘로 존재하지 않는다 천명선 | 수의학과 교수
38 왜 늙을까, 왜 병들까, 왜 죽을까 이현숙 | 생명과학부 교수
39 인간의 시대에 오신 것을 애도합니다 박정재 | 지리학과 교수
40 수학이 내 인생에 말을 걸었다 최영기 | 수학교육과 교수

*서가명강 시리즈는 계속 출간됩니다.